7日間集中講義！

Excel 統計学入門

《データを見ただけで分析できるようになるために》

米谷 学 ●著

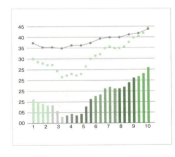
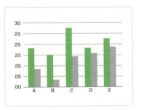

本書に掲載されている会社名・製品名は、一般に各社の登録商標または商標です。

本書を発行するにあたって、内容に誤りのないようできる限りの注意を払いましたが、本書の内容を適用した結果生じたこと、また、適用できなかった結果について、著者、出版社とも一切の責任を負いませんのでご了承ください。

本書は、「著作権法」によって、著作権等の権利が保護されている著作物です。本書の複製権・翻訳権・上映権・譲渡権・公衆送信権（送信可能化権を含む）は著作権者が保有しています。本書の全部または一部につき、無断で転載、複写複製、電子的装置への入力等をされると、著作権等の権利侵害となる場合があります。また、代行業者等の第三者によるスキャンやデジタル化は、たとえ個人や家庭内での利用であっても著作権法上認められておりませんので、ご注意ください。
本書の無断複写は、著作権法上の制限事項を除き、禁じられています。本書の複写複製を希望される場合は、そのつど事前に下記へ連絡して許諾を得てください。

出版者著作権管理機構
（電話 03-5244-5088, FAX 03-5244-5089, e-mail: info@jcopy.or.jp）

JCOPY ＜出版者著作権管理機構 委託出版物＞

Preface
はじめに

　業績向上を目指した意思決定支援のため、データの活用が必要な場面は、データの規模に関わらず増え続けています。ビジネスパーソンであれば誰しも職場において多くのグラフやデータを目にしていますが、さてそれでは「これは何に役立つのか？」「これに基づいて次に何を行えばよいのか？」という疑問を持ったことがあるのではないでしょうか。いくらデータがたくさん揃っていても、データ分析の知識がないと、それらを活かすことができないのです。

　だからといって、それらのデータの活用を、データサイエンティストやマーケティング関連会社・部署の人たちに任せておけばよいというものではありません。業績向上には、経営者や正社員・契約社員・派遣社員からアルバイトに至る全員が、次のことを理解し、データ活用を意識して業務を行うことが重要なのです。

(1) データを活用することで「できる（と期待できる）こと」および「限界」
(2) データ周りの作業を行うとき、どの程度の手間がかかるのか
(3) どのような準備が必要なのか

　本書は、データマイニングや統計解析の講演・オンライン講座の講師を数多く務めた著者が、講座の内容を練り込み、統計学の中でも特にビジネスに活用するために必要な知識・手法を厳選し「7日間」で無理なく独学できるようにまとめたものです。7日間の概要は、以下のとおりです。

第1、2日 ……「まず、そのデータが何を表すかわからない」という人でも理解できるよう、各種データ・数値・グラフについて詳しく解説
第3日 ………自分が立てた仮説・予測が正しいかを、自分や周囲の主観に左右されずに検証できるよう解説
第4〜6日 …余計な学習をしなくてすむように、統計学の中でも、ビジネスにおいて最も使用頻度の高い「回帰分析」「時系列分析」による数値予測に絞り解説
第7日 ………顧客ニーズに対応するための「判別分析」を解説
補　講 ………学習に必要な補助知識の紹介・まとめ

[はじめに]

　本来、統計学を実務で使えるレベルまで習得しようとすると、さらに前の段階の知識が必要となることもあり、実務のスピードに追い付かず、あきらめてしまうことが往々にしてあります。そのため、本書では「取引先・上司などに説明・説得をしやすい」などの実践面に重点を置き、内容を絞って解説しています。

　ある程度統計学に理解がある方が本書をお読みになった場合、統計学の教科書といわれる本と比べると、説明や工程が足らない部分が見受けられるかもしれません。しかし、より多くのビジネスパーソンが必要としている統計学の内容は、教科書のうちごく一部の範囲だと判断しています。そこで、統計学を実務で応用することを主眼に置いた内容になるよう、強い熱意を持って厳選しました。

　さらに、効率良く学習し、また「身についたつもり」の状態に陥らないように、最も普及しているビジネスツールであるExcelを用い、実際に手を動かしながら進めていくよう構成しています。「とりあえず操作ができる」レベルの読者でも理解できるように、Excel操作・関数等の解説も並行して行うので、Excelに自信がない方でも問題ありません。

　さらに、本書では、読み方がわからず間違ったまま読み進めてしまうことがないように、キーワードには容易に読めそうなものでも極力読み仮名を振っています。そして、なるべく英語表記も付け加えました。その理由は、本書を読破し、学習を修了した皆様が、Excelによる統計分析を卒業されて、いずれS-PLUSやRなどの統計解析ソフトへとステップアップする際の手助けとするためです。

　本書で説明する内容には、これまで筆者が担当したセミナー、企業向け研修や通信教育講座などで寄せられたご質問なども含まれています。現在、筆者がこうして講座を担当するようになったのは、師匠の故 上田太一郎先生の存在、そして上田先生との出会いが生まれた当時の勤務先のおかげでした。

　初の単著を上梓するにあたり、オーム社書籍編集局の皆様、上田太一郎先生、当時の勤務先の社長・社員の皆様、講師・共著仲間だった皆様、講座の受講者の皆様、筆者を応援してくださる皆様、母、生前の父、飼い猫すべてに感謝します。

2016年8月

米谷　学

Contents

目 次

[第❶日] データ活用
― Excel でデータ分析をするうえで知っておくべきこと

- **1.1 データ活用や分析が必要なワケ 〜そもそも統計学とは** ……… 2
  - 1. 状況を把握・訴求するときの大切なこと ……… 2
  - 2. 組織でデータ活用を行う利点と注意点 ……… 3
  - 3. そもそも統計学とは？ ……… 5
- **1.2 データを活用するうえでの心構え**
  〜データがあっても活用できなければ意味がない ……… 7
  - 1.「データ」って「表」？ 〜「表」に対する考え方とデータの持ち方
    ……… 7
  - 2. 単純集計・クロス集計・多変量解析とは ……… 10
  - 3. データ分析ツールには、19 の機能がある ……… 12
- **1.3 データを扱うための下準備 〜むだな分析をしないために** ……… 16
  - 1. 数の種類 ……… 16
  - 2. 外れ値とは ……… 18
  - 3. データクレンジングとは ……… 19
  - 4. データクレンジングに役立つ Excel の機能・関数 ……… 20

[第❷日] 記述統計学
― 事実を把握・訴求するためにデータの特徴を表す方法

- **2.1 データの内容を視覚的に表す 〜グラフ** ……… 38
  - 1. グラフ作成の心構え ……… 38
  - 2. グラフの種類と用途 ……… 39
  - 3. グラフを作るとき・読み取るときの注意点 ……… 45
  - 4. Excel でグラフを描く一般的な操作 ……… 48
- **2.2 データの内容を 1 つの数字で表す 〜基本統計量** ……… 55
  - 1. 平均値は普段よく使うものだけど ……… 55

2. データのばらつき具合を探る ……………………………………… *61*
　　3. データの分布具合を視覚的に探る～ヒストグラム ……………… *65*
　　4. 基本統計量一式を求める ～それぞれの関数 ……………………… *78*
　　5. データ分析ツールの基本統計量 …………………………………… *81*

[第❸日] 推測統計学 ― 仮説を検定・母集団を推定する

- **3.1 推測統計学の目的** ………………………………………………… *92*
- **3.2 統計的仮説検定 ～仮説が正しいのかを統計学的に判断** ………… *98*
  - 1. 統計的仮説検定とは ………………………………………………… *98*
  - 2. 事例1：ダイエットのビフォー／アフターで意味のある体重の
    差かどうかを探る ～平均の差の検定 ……………………………… *99*
  - 3. 事例2：年代別の好みの違いを探る～独立性の検定 …………… *109*
  - 4. 推測統計学を実務に応用するのには限界がある ………………… *124*

[第❹日] 相関・単回帰分析
― 関連度合いを利用した分析と数値予測

- **4.1 回帰分析の前に ～数値予測のはなし・回帰分析とは** …………… *128*
  - 1. 数値予測の考え方 ～予測には根拠が必要 ……………………… *128*
  - 2. 主な数値予測の種類 ……………………………………………… *131*
  - 3. 回帰分析とは ……………………………………………………… *131*
- **4.2 相　関 ～2つの数値項目の関連度合いを探る** …………………… *134*
  - 1. 散布図と相関関係 ………………………………………………… *134*
  - 2. 相関の強さを数値で表す ～相関係数 …………………………… *135*
  - 3. Excelで相関係数を求める ………………………………………… *139*
- **4.3 単回帰分析** …………………………………………………………… *145*
  - 1. 相関関係を基に予測をする ……………………………………… *145*
  - 2. 無相関の検定 ……………………………………………………… *152*

[第❺日] 重回帰分析 ― 複数の要因を利用して予測する

5.1 重回帰分析の準備 …………………………………………………… *166*
 1. 重回帰分析を行うのに必要なデータの型 …………………… *166*
 2. 重回帰分析実行用データの準備 ……………………………… *167*
5.2 重回帰分析を実行する …………………………………………… *171*
 1. 予測の式を求める ……………………………………………… *171*
 2. 売上高の予測を行う …………………………………………… *174*
 3. より売上高に影響している説明変数はどれかを探る ……… *176*
 4. 統計学的に最適な回帰式を求める 〜変数選択 ……………… *179*
 5. 説明変数同士で強い相関関係の解消を 〜多重共線性 ……… *184*
 6. 採用する説明変数についてさらに考える …………………… *190*

[第❻日] 時系列分析 ― 時系列変動のデータ分析と予測

6.1 外挿の考え方 ……………………………………………………… *198*
 1. 予測したい項目を決めて、グラフにすることから始まる … *198*
 2. 時系列データの推移の特徴 …………………………………… *199*
6.2 外挿1 〜直線の傾向を利用する（直線予測） ………………… *200*
 1. 折れ線グラフで傾向を確認する ……………………………… *200*
 2. 近似曲線の追加機能で予測をするための式を求める ……… *201*
 3. データ分析ツール「回帰分析」で切片と回帰係数を求める … *203*
 4. 関数で予測値を求める ………………………………………… *204*
6.3 外挿2 〜曲線の傾向を利用する（曲線予測） ………………… *210*
 1. 変数変換とは 〜曲線の傾向を示すデータの場合 ………… *210*
 2. 指数近似の例 …………………………………………………… *211*
 3. 対数近似の例 …………………………………………………… *214*
 4. 累乗近似の例 …………………………………………………… *216*
 5. 多項式近似の例 ………………………………………………… *218*
 6. 時系列の推移をマクロの視点で探る 〜移動平均 ………… *223*
 7. 年間の周期性と季節性を考慮した予測を行う ……………… *227*

[第❼日] 判別分析 ― 顧客サービス満足度の分析

- **7.1 どちらに属するのかを複数の説明変数で予測する** ………… *238*
  1. 判別分析とは ………………………………………………… *238*
  2. 主な判別分析の種類 ………………………………………… *239*
- **7.2 重回帰分析で線形判別分析** ………………………………… *242*
  1. 線形判別分析の流れ ………………………………………… *242*
  2. 回帰分析を実行できるデータを用意する ………………… *242*
  3. 回帰分析を実行する ………………………………………… *245*
  4. 判別式を作り来店の有無を予測する ……………………… *247*
  5. 影響度を求める ……………………………………………… *248*
  6. 判別精度を検証する ………………………………………… *248*
  7. 統計学的により最適な判別式を求める …………………… *252*
- **7.3 二項ロジスティック回帰分析** ……………………………… *255*
  1. 二項ロジスティック回帰分析の流れ ……………………… *255*
  2. 回帰分析実行用データを準備する ………………………… *256*
  3. 目的変数をロジット変換する ……………………………… *257*
  4. 回帰分析を実行する ………………………………………… *259*
  5. 最適なロジスティック回帰式も求めてみよう 〜変数選択 ……… *264*

[付録] 補 講 ― 本書をより活用するために役立つ知識のまとめ

1. 累乗・√・log とは ……………………………………………… *268*
2. 基本統計量のまとめ ……………………………………………… *270*
3. そもそも正規分布とは …………………………………………… *274*
4. 回帰分析について ………………………………………………… *275*
5. データ分析ツール「回帰分析」のエラーメッセージ ………… *278*
6. 説明変数選択規準 ………………………………………………… *279*
7. 回帰分析が利用できるその他の事例 …………………………… *280*
8. 多変量解析手法一覧 ……………………………………………… *282*
9. XLOOKUP 関数（Excel2021・Microsoft365） ………………… *284*

[目　次]

COLUMN …… よくある質問 Q&A

データの項目はどの程度細かく持っておくべきですか？ ………… 27
関数ウィザードは使っちゃダメですか？ ……………………………… 34
大小の比較に折れ線グラフを使ってはダメなのですか？ ………… 47
PERCENTILE.INC 関数でパーセンタイルを求める方法を
　教えてください ……………………………………………………… 89
相関関係を探るうえで気をつけることは？ ……………………… 157
影響度を Excel で直接求める方法はないのですか？ ……………… 177
途中で在庫切れになった場合はどう予測すればいいのですか？ … 195
時間の単位はいくらにすればよいですか？ ……………………… 207

索　引 ………………………………………………………………………… 286

【本書ご利用の際の注意事項】

- 本書のメニュー表示等は、Excel のバージョン、モニターの解像度などにより、お使いの PC とは異なる場合があります。また、本書で行う計算結果は、Excel のセルによる計算と、手計算の場合で結果が異なる場合があります。
- 本書内で使用している追体験用 Excel ファイルは、下記オーム社ホームページの［書籍連動／ダウンロードサービス］にて、圧縮ファイル（zip 形式）で提供しています。
　　http://www.ohmsha.co.jp/data/link/978-4-274-21888-0/
- また、上記圧縮ファイルに、分析ツールのアドイン接続方法を解説した PDF を添付してありますので、ご参照ください。
- 本ファイルは、本書をお買い求めになった方のみご利用いただけます。本ファイルの著作権は、本書の著作者である、米谷学氏に帰属します。
- 本ファイルを利用したことによる直接あるいは間接的な損害に関して、著作者およびオーム社はいっさいの責任を負いかねます。利用は利用者個人の責任において行ってください。

[第❶日]

データ活用

Excel でデータ分析をするうえで
知っておくべきこと

第1日目では、データや統計学をビジネスに正しく活かすための考え方について説明します。
まずは、ビジネスでデータを活用し、計算は Excel に任せながらもビジネス上の意思決定ができる程度に統計学の概要を理解しましょう。

1.1 データ活用や分析が必要なワケ 〜そもそも統計学とは

1.1.1 状況を把握・訴求するときの大切なこと

🌱 ビジネスにおける統計学の応用は、正しい理解と正しい利用から

　ビジネスで**統計学**（Statistics）を応用する必要性が、依然として高まっています。これは、ビジネス上で、データに基づいた根拠のある意思決定を行うことがよりいっそう求められているからです。データに潜む、我々が必要とする情報を正しく理解したうえで、勤務先の同僚や上司・取引先などにそれを説明することが大切なのです。

🌱 意思決定に正しく活かすための5大ポイント

　統計学といえば、一見難解に見える数式が付き物ですが、それらを出す前に、ビジネスで統計学を応用するために必要な考え方を5つにまとめました。

(1) 分析を行う目的を明確にし、目的に合ったデータを集める（用意する）
(2) データを分析できる状態に整える
(3) 正しく説明するため、データの特徴を視覚化する（グラフで表す）
(4) データの関連を探る
(5) データを全体でひとくくりに扱うか、（性別・年代別のように）属性ごとに扱うことも考慮する

　まず、分析を行う目的を明確にし、組織でそれを共有しましょう。
　また、手元にあるデータが、Excelなどのソフトウェアですぐに分析を行うことができる状態とは限りません。そこで、データを目的に応じて分析できる状態に整えます。これにより、どのような作業が必要なのか、またどのようなデータや資料が必要なのかもよりハッキリとしてきます。なお、(2)の工程を総称して**データクレンジング**（Data Cleansing）または**データクリーニング**（Data Cleaning）と呼びます。これは、1.3.3（p.19）で説明します。
　データの特徴を視覚化するのには、**グラフ**（Graph）がよく使われます。グラフは、用途に応じてどのグラフの種類を選ぶかがカギになります。さらに、作っ

たグラフで伝えたいことを明確にしたうえで説明に使うことを心がけましょう。グラフについては、第2日2.1（p.38）でExcelの操作とともに説明します。

データの関連については、たとえばWebサイトで「アクセス数が多い日は受注件数も多くなる」、「アクセス数が少ない日は、受注件数も少ない」といったように、2つの数値項目の関連を利用した分析を行うことです。

上記の「アクセス数」や「受注件数」といった項目1つひとつのことを統計学では**変数**（Variable）と呼び、その名称を**変数名**と呼びます。Excelでは**データラベル**と呼んでいます。

また、こうした2つの変数の関連のことを統計学では**相関**（Correlation）と呼びます。これについては、第4日で説明します。

1.1.2 組織でデータ活用を行う利点と注意点

データの活用に限らず、目的が明確であればあるほど、成果は出やすくなります。データ活用の目的は「業績向上」でしょう。より具体的に言えば、売上増、利益増、コスト削減などがまず思い浮かぶと思います。

そこで、データを活用するときの利点と注意点についてあげてみます。

🌱 利点：これまでの規則性・法則性・関連性が明らかになる

(1) 現状をより正確に把握でき、説明しやすくなる

データに潜む規則性や法則性、関連性を、感覚や先入観からではなく客観的に説明することができます。意思決定の根拠がデータに基づくものならば、より説得力が増します。

前年同月比[1]を見たとき、前年よりも今年のほうがより良く売れた理由を「きっと商品が良かったからだろう」と、充分な検証をしないのでは、また同様

---

[1] **前年同月比**：前年・前月・前日で比較する場合は、比較条件に違いがないかを確認しましょう。
たとえば、2015年3月は土曜日が4回、日曜日が5回あり、春分の日は土曜日でした。2016年3月は土曜日が4回、日曜日が4回あります。また春分の日は月曜日でした。このように日曜日の回数の違いによって、売上などに明らかな違いがあるような場合は、適切に比較できるよう、条件を調整することも考慮しましょう。数字的には正しく記録されたものでも、前提条件が考慮されない分析は、あまり意味がありません。
また、前年同月比で前年のほうが売上が好調だったとしても、たとえば消費税増税前の駆込み需要などの再現性がない場合も注意が必要です。

に好調な業績を目指そうとしても、再現性に欠けるでしょう。

(2) 成功・失敗の原因究明に役立つ

(1)に関連して、業績が良かった場合でも悪かった場合でも、その原因を究明・特定できたり、問題点を洗い出すことができれば、次に起こすべきアクションが見えてきます。

また、意思決定の良し悪しの検証を、日常業務を通じて行うことが肝要です。これを可能にするためには、従業員の属人的な記憶や個人的なメモ、経験や勘だけに頼るのではなく、社内で統一の規格に基づいたデータを記録して、データを活用した意思決定を行いましょう。

(3) 意思決定までの過程が見えやすくなり、部下や後任者へ継承しやすくなる

組織では、常に意思決定に至った理由が求められます。成功・失敗のときの原因究明や検証が行われていれば、今後の改善などがしやすくなります。意思決定までの視覚化、継承のしやすさは、組織として大変重要です。

🌱 注意点：結局、将来のことはフタを開けてみないとわからない

将来の環境が変わったら、どんなにデータに基づいた意思決定も、あてにならなくなってしまう……ここだけ読むと、統計学の利用は意味のないものとなりそうですが、世の中には万能薬がないように、統計学をビジネスに応用する場合でも、万能な方法は存在しません。そこで、次のような考え方をお勧めします。

① トライ・アンド・エラーの考え方で臨むこと
② 変化に注目すること

大切なのは、一発で結論を出そうとしたり、一発で当たる予測をしようと考えずに、日常の業務・活動を通じて、いったん出した結論・予測をさらにブラッシュアップしていくことです。

また、分析結果が業界ですでに常識として認識されている程度の分析結果しか得られなかったような場合でも、同様の分析を継続して行いましょう。分析を続けていくうちに、結果に変化が見られることがあります。その変化に注目し、変化の原因は何かを考えるキッカケを得られることが重要なのです。

1.1.3 そもそも統計学とは？

ビッグデータ[2]（Big Data）という言葉が 2011 年頃から新たなキーワードとして急速に注目され始めました。ビッグデータの活用でも、統計学は密接に関わっています。

統計学とは、（特定の集団について）データを集めて、そのデータの内容について傾向や特徴を表し、その集団の傾向・特徴を見出すために解析をする学問のことを指します。

蓄積された数字などが羅列されたデータを眺めるだけで、そのデータの傾向や特徴を探ることは、簡単なことではありません。そこで、データを集め、統計学の力を借りてデータの特徴を理解したり、訴求したりするため、グラフを描いたり、**平均値**（Average）をはじめとする何らかの値で表します。

また、特に**予測**（Prediction）をする場合には「□□という条件がいくらになるとき、将来の売上高は〇〇円と予測できる」という意味を持つ**式**（Formula）で示すことがあります。

データが表す傾向や特徴について、式などによって説明するもののことを、統計学では**モデル**（Model）と呼んでいます。また、統計学に基づくモデルということで、**統計モデル**（Statistical Model）と呼ぶこともあります。本書では、計算を Excel に任せることを前提に説明しますが、一般的には統計解析用ソフトウェア[3]を利用したりします。

ビジネスに統計学を応用すると、同じデータ・分析手法を利用すれば誰が行ってもデータに潜む傾向や特徴について、おおよそ同じ見解を見い出すことができます。しかし、これだけでは不充分です。データと統計学を活用するのと同時に、

---

[2] **ビッグデータ**：一般に、行数や列数の大きいデータを指しますが、データベース用ソフトウェアでは扱うことが難しい画像・音声・動画、SNS の投稿やユーザーのプロフィールなどの大量のテキストデータを含むこともあります。また、データ量の大きさだけでなく、人の移動の推移を基に意思決定に活かすような、即時性を要求される場合もあります。

[3] **統計解析用ソフトウェア**：NTT データ数理システムの「S-PLUS」や日本 IBM の「IBM SPSS Statistics（通称 SPSS）」、SAS Institute Japan の「JMP」などのほか、オープンソースのソフトウェアの「R」などがあります。
また、NTT データ数理システムや日本 IBM などからは、統計解析にとどまらず、さらにバラエティに富んだ高度な分析手法、より大量のデータを扱うためのモジュールが搭載されたソフトウェアも販売しています。

商慣習、社会や業界の動向・常識や、経験、勘なども加味しながら、それぞれ補間しあって意思決定に役立てるという考え方が求められます。

🌱 統計学は大きく分けて2種類ある

統計学は、目的に応じて大きく2つに分類されます。

まず1つ目は、**推測統計学**（Inferential Statistics）です。本来知りたい情報の対象となる大きな集団のうち、一部のデータを抽出し、その結果を基に集団の全体を予測する**推定**（Estimate）や、抽出したデータを基に得られた結果が偶然ではなく、本来の対象となる集団にも統計学的に利用できるかを確かめる**検定**（Test）などの総称です。本書では、このうち検定について第3日3.2（p.98）で説明します。

なお、統計学では本来知りたい情報の対象となる集団のことを**母集団**（Population）と呼びます。そして、抽出した調査対象のことを**標本**または**サンプル**（Sample）、調査対象の規模のことを**サンプルサイズ**[4]あるいは**標本の大きさ**と呼びます。

もう1つは**記述統計学**（Descriptive Statistics）です。平均値などの指標を利用して、データの特徴を直感的に探ることができる方法の総称です。「平均値」は誰もが知っていますし、そういう意味では記述統計学は身近なものですので、本書の第2日で説明している内容は漏れなく理解しましょう。

---

[4] サンプルサイズのことを「サンプル数」と呼ぶ方がいます。しかし、本来「サンプル数」や「標本数」は、標本という集団の数を表します。そのため、サンプルサイズのことを「サンプル数」と呼ぶのは、せいぜい内輪の表現に留めておいたほうがよいでしょう。

1.2 データを活用するうえでの心構え
～データがあっても活用できなければ意味がない

1.2.1 「データ」って「表」？
～表に対する考え方とデータの持ち方

● そもそもデータとは

「データ」という言葉を広辞苑で調べてみると、次のように載っていました。

① 立論・計算の基礎となる、既知のあるいは認容された事実・数値。資料。与件
② コンピューターで処理する情報

本書でいう「データ」は上記両方の意味を含みます。

実務では、持っているすべての情報を常に利用するとは限らず、ケース・バイ・ケースで必要な情報だけを抽出して利用する場合がほとんどです。そのため、タイムリーに活用できるように「データの持ち方」を工夫することが必要になります。業種・職域・職位を問わず、データの持ち方が良ければ、データの活用、つまり意思決定により良い効果をもたらすのです。

● Excel で扱う表の形式

これから本書では Excel で表（Table）を扱うことが多くなりますので、まずはその形式について理解しておきましょう。

例1:

	A	B	C	D	E	F	G	H	I	J	K	L	M
	顧客ID	苗字	名前	カナ苗字	カナ名前	郵便番号	都道府県	性別	生年月日	年齢	品番	単価	数量
	CD100001	田坂	景子	タサカ	ケイコ	442-0022	愛知県	女性	1978/12/20	36	BG000	16000	1
	CD100002	吉井	知世	ヨシイ	トモヨ	655-0891	兵庫県	女性	1981/7/20	34	Z7K00	19000	1
	CD100003	横濱	真希	ヨコハマ	マキ	105-0014	東京都	女性	1980/1/11	35	NP700	24800	1
	CD100004	仁平	美佳	ニヘイ	ミカ	370-0081	群馬県	女性	1975/6/25	40	DK002	24800	1
	CD100005	吉岡	有沙	ヨシオカ	アリサ	223-0061	神奈川県	女性	1981/7/1	34	KB100	16000	1
	CD100006	小間	昌恵	コセキ	マサエ	437-0064	静岡県	女性	1981/1/3	34	M6100	24800	1
	CD100007	田中	舞	タナカ	マイ	514-0102	三重県	女性	1989/2/7	26	JC011	16000	1
	CD100008	伊寺	真由美	イイ	マスミ	772-0011	徳島県	女性	1982/12/23	32	NP700	24800	1
	CD100009	金澤	利子	カナザワ	トシコ	660-0054	兵庫県	女性	1979/1/23	36	Z7K00	19000	1
	CD100010	浦上	宏文	ウラカミ	ヒロフミ	503-0984	岐阜県	男性	1975/10/5	39	DK001	16800	1
	CD100011	横田	めぐみ	ヨコタ	メグミ	534-0015	大阪府	女性	1970/1/20	45	M7105	24800	1
	CD100012	田寸	唯	タムラ	ユイ	565-0824	大阪府	女性	1982/1/23	33	M7104	24800	1
	CD100013	原	多美子	ハラ	タミコ	950-0115	新潟県	女性	1957/11/30	57	KB073	21800	1
	CD100014	丸斎	葵	マルハシ	アオイ	198-0044	東京都	女性	1989/2/7	36	NP700	24800	1
	CD100015	前田	結子	マエダ	ユイコ	662-0893	兵庫県	女性	1989/12/26	25	Z7K00	19000	1
	CD100016	長田	菜津美	ナガタ	ナツミ	321-1262	栃木県	女性	1984/8/17	30	NP700	24800	1
	CD100017	金平	敦子	カネヒラ	アツコ	969-1663	福島県	女性	1978/7/30	37	Z7C00	16800	1
	CD100018	飯田	奈津希	イイダ	ナツキ	270-1143	千葉県	女性	1977/5/20	38	M7100	16000	1
	CD100019	平山	信子	ヒラヤマ	ノブコ	756-0088	山口県	女性	1980/10/5	34	JK011	98000	1
	CD100020	田口	利香	タグチ	リカ	991-0013	山形県	女性	1981/12/17	33	JK011	98000	1
	CD100021	松本	宏美	マツモト	ヒロミ	545-0002	大阪府	女性	1987/7/24	28	M7104	24800	1
	CD100022	本城	多美枝	ホンジョウ	タミエ	381-0042	長野県	女性	1975/3/8	40	NP200	24800	2

例1の表は、ある顧客情報のダミーデータです。左から、顧客ID・顧客の苗字・名前・苗字のカナ・名前のカナ、居住地の郵便番号、都道府県、性別、生年月日、購入品番、その単価、購入数量が左から順に配置されています。このような表の形式では、主に次のような状態で作られていることが前提となっています[5]。

① 先頭行（Excelのワークシートの1行目）には、データの項目名（左から順に「顧客ID」・「苗字」・「名前」……）が配置されていること
② 1列ごとに1項目が配置されていること
③ 1行ごとに1件分のデータが配置されていること
④ 途中に空白の列や行がないこと
⑤ 表の周辺には、スペースを含め何も入力されていないこと

Excelではこのような形式[6]で記録することを得意としています。また、このように集計や加工をしていない、蓄積・記録されたままの状態のデータを、**生データ**あるいは**原データ**（Row Data）と呼びます。

なお、こうした表をExcelで、データの並べ替えや集計、分析などを行うことを考慮し、**複数のセルを1つの（大きな）セルとして扱う「セルの結合」**[7]**は行わない**ことを念頭に置いておきましょう。

例2：

	A	B
1		
2		
3	行ラベル ▼	データの個数 / 性別
4	女性	3492
5	男性	235
6	総計	3727

これは、例1で示した表について、性別ごとに人数を集計したものです。このように項目別に集計をしたものを、**単純集計表**（Simple Tabulation）と呼びます。

---

5 データベースでは、Excelの列（A列・B列・C列……）は**フィールド**（Field）と呼び、行（1行・2行・3行……）は**レコード**（Record）と呼びます。
6 この形式のデータのことを、**リストデータ**と呼びます。
7 データの並べ替え、集計や分析を行うのに支障を来たすため、セルの結合は、表示用・掲示物に使う表以外には使わないようにしましょう。

アンケート調査などの場合は、結果を伝える手段として、項目別に回答者数で単純集計をしたものが利用されています。

🌱 変数の主な種類

データの項目には、大きく分けて、数値で表すことができるものと、できないものの2つの種類があります。

	A	B	C	D	E	F	G	H	I	J	K	L	M
1	顧客ID	苗字	名前	カナ苗字	カナ名前	郵便番号	都道府県	性別	生年月日	年齢	品番	単価	数量
2	CD100001	田坂	景子	タサカ	ケイコ	442-0022	愛知県	女性	1978/12/20	36	BG000	16000	1
3	CD100002	吉井	知世	ヨシイ	トモヨ	655-0891	兵庫県	女性	1981/7/20	34	Z7K00	19000	1
4	CD100003	横濱	真希	ヨコハマ	マキ	105-0014	東京都	女性	1980/1/11	35	NP700	24800	1
5	CD100004	仁平	美佳	ニヘイ	ミカ	370-0081	群馬県	女性	1975/6/25	40	DK002	24800	1

(1) 定量データ

売上高や粗利益・経常利益などの金額、人数、個数、件数などの量のほか、時間、気温または割合など、数値で表すことができる項目のことを、**定量データ**、あるいは**量的データ**（Quantitative Data）と呼びます。統計学では**量的変数**（Quantitative Variable）と呼ぶこともあります。なお、本書では**数値データ**と表すことにします。先の例1では単価や数量がこれにあたり、一般に数の大小が考慮されます。

(2) 定性データ

アンケート調査などに見られる自由回答形式（FA：Free Answer）のような文章による情報のほか、曜日、天候、有無、性別、サイズ（S・M・Lなど）、都道府県名など、数値で表すことのできない項目のことを、**定性データ**、あるいは**質的データ**（Qualitative Data）と呼びます。統計学では**質的変数**（Qualitative Variable）と呼びます。

また、特に曜日、天候、性別、サイズ、有無、合否などで分類されたデータ項目のことを、**カテゴリーデータ**または**カテゴリカルデータ**（Categorical Data）と呼びます。

1.2.2 単純集計・クロス集計・多変量解析とは

1.2.1 の例 2（p.8）で単純集計の話が出てきたので、集計について簡単に説明をします。

🌱 単純集計

例 2 であげたように、1 つの項目についてその内訳の件数を数えた集計方法を単純集計と呼びます。アンケート調査では **GT集計**[8] とも呼ばれます。

基データから平均値などデータの情報を要約できる指標を使って特徴を表したり、集計されたデータを基にグラフにします。

🌱 クロス集計

例 1（p.7）のような生データから、特定の 2 項目ついて集計し、交わる部分に該当する件数を求めることを**クロス集計**と呼び、これを表にしたものを**クロス集計表**（Closs Tabulation）または**クロス表**と呼びます。統計学では**分割表**（Contingency Table）とも呼んでいます。

		性別		
		女性	男性	総計
年齢	10～19歳	5		5
	20～29歳	348	11	359
	30～39歳	2226	134	2360
	40～49歳	819	58	877
	50～59歳	74	16	90
	60～69歳	18	9	27
	70～79歳	2	6	8
	80～89歳		1	1
総計		3492	235	3727

上のクロス集計表では、年齢は 8 つ（8 行）に分かれ、性別は 2 つ（2 列）に分かれていることから、8×2 クロス集計表（8×2 分割表）と表します。

また、クロス集計表のうち、上側の項目名（ここでは「性別」）が配置されている部分のことを統計学では**表頭項目**と呼び、左側の項目名（ここでは「年齢」）が配置されている部分のことを**表側項目**と呼びます。

---

[8] GT は Grand Total の略で、「総計」という意味があります。

集計表は、カテゴリーデータを対象としています。数値データの場合は、そのまま扱うのではなく、金額であれば「10万円未満[9]」、「10万円〜20万円未満」、「20万円〜30万円未満」といったようにカテゴリー化させたうえで、クロス集計表を作ります。

　これらの単純集計やクロス集計表は、Excel では**ピボットテーブル機能**で簡単に作ることができます。ピボットテーブルで集計表を作成する方法は、第3日 p.110 で説明します。

　クロス集計表からは、グラフによって2項目間の関係性を明らかにしたり、項目の違いを統計学的に探ったりすることもできます。詳しくは、第3日の p.109 で説明します。

🌱 多変量解析

　実は、データの特徴を表したりデータの傾向を探るのに、非常に有用な方法が存在します。それは、多くの変数を一度に分析する**多変量解析**（Multivariate Analysis）です。

　たとえば身長や体重、胸囲、ウエスト、脚の長さ、足の大きさなど、複数の変数や多くのデータを使って、複数の変数間、または多くのデータ間の関連性を利用して特定の変数について説明をしたり、変数やデータを分類するような分析方法を総称して多変量解析と呼びます。

　本書では、多変量解析のうち代表的な手法の1つである**回帰分析**（Regression Analysis）について説明します（第4日・第5日参照）[10]。

---

[9] 「〜以上」、「〜以下」はその数を含み、「〜を超える」、「〜未満」はその数を含みません。
[10] 本書では、回帰分析以外の多変量解析は第4日で少し触れるにとどめます。より詳しく学びたい方は『Excelで学ぶ多変量解析入門』（菅民郎 著、オーム社）などを参照してください。

1.2.3　データ分析ツールには、19 の機能がある

Excel には多くの機能がありますが、データ活用するうえで特に役立つ機能は次の 5 つです。

① 　データベース機能
② 　集計機能
③ 　表計算機能
④ 　（グラフ機能を含む統計学を利用した）高度な分析機能
⑤ 　文書作成機能

前述したピボットテーブル機能は②にあたります。ここでは、④の分析機能に注目します。

Excel では、統計学を利用した分析ができる分析ツールという機能が標準で備わっています。分析ツールには、次の 19 種類のメニューがあります。本書ではこのうち「**相関**」、「**基本統計量**」、「**ヒストグラム**」、「**移動平均**」、「**回帰分析**」、「**サンプリング**」、「**t 検定：一対の標本による平均の検定**」を採り上げています[11]。

（1）分散分析：一元配置

たとえば、関東圏・東海圏・阪神圏の 3 地域で同じ商品について販売数量の平均値に違いがあるかどうかを調べることなどに利用します。3 列のデータを区別する要因が 1 つだけ（ここでは「地域」）なので、要因が 1 つということで**一元配置**（いちげんはいち）と呼びます。一般に分散分析が対象としているデータは、3 変数以上（ここでは関東圏・東海圏・阪神圏）です。

関東	東海	阪神
80	40	30
80	40	30
50	60	40
60	70	80
40	50	100
30	40	70
60	60	40
50	40	30
70	30	80

---

[11] 分析ツールのすべての分析について詳しく知りたい方は、『Excel でかんたん統計分析—分析ツールを使いこなそう』（上田太一郎 監修、近藤宏、渕上美喜、末吉正成、村田真樹 共著、オーム社）などを参照してください。

(2) 分散分析：繰り返しのある二元配置

たとえば、関東圏・東海圏・阪神圏の 3 地域で同じ商品について、5 月と 6 月の 2 回にわたり販売数量の平均値に違いがあるかどうかを調べることなどに利用します。データを「地域（関東・東海・阪神）」と「年月（20xx 年 5 月と 6 月）」の 2 つに区別するので、**二元配置**と呼んでいます。

ここで「繰り返しがある」とは、行の「年月」のうち同じ 20xx 年 5 月や 6 月にそれぞれ複数のデータがあることを表します。

年月	関東	東海	阪神
20xx/5	80	40	30
20xx/5	50	60	40
20xx/5	60	70	80
20xx/6	30	40	70
20xx/6	60	60	40
20xx/6	50	40	30

(3) 分散分析：繰り返しのない二元配置

3 つの地域の例で言えば、行の「年月」で同じ月に（日付ごとのように）複数の記録がない場合などが対象となります。

年月	関東	東海	阪神
20xx/5	380	420	400
20xx/6	280	300	270
20xx/7	460	350	400
20xx/8	220	240	240
20xx/9	420	350	390

(4) 相　関

関連して影響し合っているデータについて、関連度合いの強さを求めるための指標を**相関係数**（Coefficient of Correlation）と呼びます。先の回帰分析の例では、売場面積と売上高、売場面積と最寄駅からの所要時間といった具ように、複数の変数について、それぞれの対になった組合せの相関係数を求めるのに利用します。

「相関」のツールについては、第 4 日 4.2.3（p.139）で説明します。

(5) 共分散

対象としているデータは（4）の相関と同じですが、ここでは相関係数ではなく**共分散**（Covariance）を求めます。共分散については、第 4 日 p.136 の脚注で触れています。なお、2 つの変数の共分散に、2 つの変数の**標準偏差**（第 2 日 p.63 で説明します）を掛けた値で割ると、相関係数を求めることができます。

(6) 基本統計量

データの特徴を表すのに、平均値や最大値、最小値、標準偏差などの指標を一

覧で表示させます。本書では、第2日2.2.4（p.78）で触れています。

(7) 指数平滑

時系列データ[12]について、将来の次の時点の数値予測を行うのに利用します。

　　　指数平滑法の（次の時点の）予測値＝（1－減衰率）×実測値＋減衰率×予測値

減衰率は、0を超え1以下の値を任意で当てはめます。減衰率は、当てはめる値を1により近くすると、直近のデータにより重きを置いた予測値を求める特徴があります。

2番目のデータは指数平滑法では1番目のデータをそのまま予測値と仮に置き、3番目のデータの予測値は、次のように求めます。

　　　3番目の予測値＝（1－減衰率）×2番目の実測値＋減衰率×2番目の予測値

この方法で1つずつ予測値を求めていき、次の時点の予測値を求めます。

(8) F検定：2標本を使った分散の検定

2つの標本の分散から、母集団でも2つの分散に違いがあるかを検定します。

(9) フーリエ解析

周波数の波形を表す時系列データについて、フーリエ変換を行うことができます。また、フーリエ変換をしたデータについて逆変換を行うこともできます。

(10) ヒストグラム

数値データをいくつかの階級に分け、各階級で何件のデータが含まれているのか、分布を表す表（**度数分布表**と呼びます（後述））とグラフ（**ヒストグラム**と呼びます）を求めます。ヒストグラムは、第2日2.2.3（p.65）で採り上げます。

(11) 移動平均

増加・減少を繰り返す時系列データについて、より緩やかな変化の傾向を示すことで、マクロ的な変化を知るためのものです。

まず、最初のデータから一定の行数について平均値を求めます。そして、平均値を求める区間を1つずつずらしていき、平均値を求めたものが移動平均です。詳しくは第6日6.3.6（p.223）で説明します。

(12) 乱数発生

設定するルールに基づいて、乱数（ランダムな数値）を発生させることができます。

---

[12] 時系列データとは、時間が経つにつれて変化するデータのことを指します。

(13) 順位と百分位数

指定した列について上位からの順位と、下位から何パーセントに位置しているのかを示す百分位数（**パーセンタイル**とも呼びます）を示します。パーセンタイルについては、本書では、第 2 日の p.82 で説明します。

(14) 回帰分析

回帰分析の主な目的には、（数値）予測と要因分析があります。

回帰分析は、（一般に複数の）変数を使って 1 つの注目している変数について説明する分析手法です。1 つの注目している変数とは予測をしたい変数のことで、**目的変数**(もくてきへんすう)（Objective Variables）と呼びます。そして、その他の変数（一般に複数）を使って予測をするための式を作ります。これらの変数を**説明変数**(せつめいへんすう)（Explanatory Variable）と呼び、目的変数と相関関係のある変数を使います。

また、複数の変数のうち、どの変数が予測をしたい変数に、より影響を及ぼしているのかを探ることもできます。これらは、第 4 日・第 5 日で詳しく説明します。

(15) サンプリング

ランダムサンプリングを行うための数値を出力します。第 3 日 3.1 の p.93 で簡単に操作の説明をします。

(16) t 検定：一対の標本による平均の検定

たとえば、同じ人のダイエットをする前と、数か月ダイエットをした後の体重を記録したデータのように、対になった 2 つの標本データについて、母集団でも平均値に差があると言えるかどうかを検定します。第 3 日 3.2.2（p.99）で簡単に説明します。

(17) t 検定：等分散を仮定した 2 標本による検定

データ行数が少ない場合（たとえば 30 行未満のような）で、前述（8）の検定を使って、2 組の標本の**分散**(ぶんさん)（p.63 で説明します）が等しいと仮定できる場合に、標本の平均値を基に検定を行います。

(18) t 検定：分散が等しくないと仮定した 2 標本による検定

（たとえば 30 行未満のような）データ行数が少ない場合で、前述（8）の検定を使って、2 組の標本の分散が等しくないと仮定できる場合に、標本の平均値を基に検定を行います。

(19) z 検定：2 標本による平均の検定

データ行数が充分（たとえば 30 行以上のような）な 2 組の標本データを基に、平均値の検定を行います。

1.3 データを扱うための下準備
~むだな分析をしないために

1.3.1 数の種類

以下は、それぞれ数の扱い方が異なる質問です。

Q1 あなたの血液型は何型ですか？
A1 1. A型　　2. B型　　3. O型　　4. AB型

Q2 当店の料理について、満足度をお聞かせください
A2 5. 大いに満足　　4. やや満足　　3. 特に不満はない
　　　2. やや不満　　　1. 大いに不満

Q3 あなたは今朝何時に起きましたか？
A3 ＿＿＿＿＿時＿＿＿＿＿分

Q4 あなたの昨年の税込年収はいくらでしたか？
A4 ＿＿＿＿＿＿＿＿万円

正しくデータの分析を行うため、ここで説明する数の種類について、しっかりと理解しておきましょう。「変数の主な種類」（p.9）で説明した、数値データ（定量データ・量的変数）、カテゴリーデータ（定性データ・質的変数）という言葉にも関連してきます。

🌱 数の種類1 ～名義尺度

主に性別、血液型、天候（晴れ・曇り・雨など）、有無、合否などが該当します。「性別」で「女性」を2、「男性」を1に、「血液型」で「A型」を1、「B型」を2のように当てはめるように、番号（数値）の大小に意味を持たない値のことを、統計学では**名義尺度**（Nominal Scale）と呼びます。

大小に意味を持たないので、平均値を求めたり大小を比較しても意味はありません。前述のカテゴリーデータ、質的データ（定性データ）、または質的変数が、この名義尺度にあたります。

🌱 数の種類 2 〜順位尺度

アンケート調査などで、順位や満足度などの評価を選択肢から 1 つ回答する場合などで使われます。数値の大小だけが意味を持つデータで、**順位尺度**（Ordinal Scale）と呼びます。

順位尺度では、データの数値と評価の実態を表す表現を一致させておきましょう。たとえば、5 段階評価であれば「大いに満足」が一番高い評価なので 5 を、以下「やや満足」が 4、…、のように当てはめましょう。

なお、順位尺度では 5 と 4、4 と 3、3 と 2 といった隣り合った評価の間隔は等間隔ではありませんので、平均値を求めてもあまり意味はありません。

🌱 数の種類 3 〜間隔尺度

時刻や気温、西暦や元号（平成〇〇年）などのように、数の大小に意味があり、さらに差を求めることにも意味がある数値です。

たとえば、いつも 8 時 30 分に起きる人が、今朝は 7 時 30 分に起きた場合や、18 時が終業時刻の会社で 17 時に退社した場合、それぞれ起床時刻や退社時刻は「1 時間早い」という差があると言えます。平均値を求めることにも意味がありますが、「5 時は 10 時の半分」というような比率計算は意味を持ちません。

これらの値を、統計学では**間隔尺度**（Interval Scale）または**距離尺度**（Distance Scale）と呼びます。

なお、この間隔尺度では、気温に代表されるように、0 という値は「ないこと」を意味するのではありません。0 が「ないこと」を意味するのは、このあと説明する比例尺度です。

🌱 数の種類 4 〜比例尺度

間隔尺度と同様、差を求めることができるほか、平均値や、「何倍か」「何割か」のように比率を求めることもできます。重さ、長さ、速度、金額、人数や件数などがこれに該当し、統計学では**比例尺度**または**比尺度**（Ratio Scale）と呼びます。また、上記の間隔尺度・比例尺度を総称して、**定量データ**、**数値データ**（**量的変数**）と表します。

比例尺度では、「売上が 0 円」「1 日にテレビを観る時間が 0 時間」などのように、0 という値は「ないこと」の意味を持ちます。

以上を、表にまとめておきます。

	種類	用例	数の大小比較	差を求める	比率を求める
1	名義尺度	カテゴリーデータ	―	―	―
2	順序尺度	順位、(数段階の) 評価など	意味アリ	―	―
3	間隔尺度 (距離尺度)	時刻、気温、西暦、元号など	意味アリ	意味アリ	―
4	比例尺度 (比尺度)	金額、人数、件数、割合 (パーセント) など	意味アリ	意味アリ	意味アリ

1.3.2 外れ値とは

データの分布を調べたとき、集団とはかけ離れて、極端に大きい値または極端に小さい値のことを**外れ値**(はずち)(Outliers)と呼びます。

外れ値は、取り除いてから分析する場合もありますが、外れ値に何らかの意味や理由がある場合などは、その意味・理由も分析に採り入れることがあります。

たとえば、平均値を求めるときなどは、外れ値の影響を大きく受けるため、最初にヒストグラムなどで分布具合から外れ値の有無を確認し、取り除きます。

下図のように、あるWebページについて、日ごとのアクセス数を記録したとき、1日だけ極端に多いアクセス数を記録しているとします。

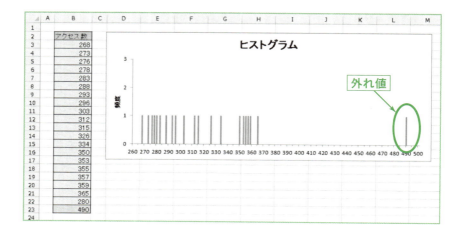

このとき外れ値が発生している理由が、「バナー広告を打ったから」のように明らかな場合、その「バナー広告アリ」という情報を分析に採り入れるかどうかを検討します。外れ値は、第5日の重回帰分析でも触れます。

1.3.3　データクレンジングとは

これまで集計や分析について簡単に触れましたが、ほとんどの場合、データには次にあげるような問題があり、すぐに集計や分析を行うことができません。このようなデータを一定のルールに基づいて変形し、利用しやすくして、データの品質を高めることを**データクレンジング**と呼びます。

- **カナ表記や数字に半角と全角が混在している**
    - ▶入力時に、全角または半角のどちらかで統一する（どちらかでしか入力できないように制御する）ことが理想です。全角文字と半角文字が混在している場合は、どちらかに統一する必要があります。
- **「有り」「アリ」「有」など、同じ内容で複数の表記が混在している**
    - ▶「有／無」などのカテゴリーの場合は、入力時にどちらかを選択するようにするとよいでしょう。複数の表記が混在している場合は、上記同様、表記を統一させる必要があります。
- **外れ値がある**
    - ▶外れ値が存在する原因が何かを考え、入力ミスなどの場合はデータを修正します。また、外れ値が存在する原因が明らかになった場合、その原因を変数として分析に採り入れるかどうかを検討しましょう。
- **データに抜けがある**
    - ▶アンケート調査などの場合は、選択肢以外に「無回答」という項目を設け、特定の値で補完します。このような無回答や、本来入力・記録されるべき部分に入力・記録されていないデータのことを、**欠損値**（Missing Data, Missing Value）と呼びます。

        欠損値の主な補完方法は、全体の平均値を利用したり、時系列データの場合は欠損値周辺の平均値を利用したりします。他にも、欠損値がある変数と、別な変数との相関関係の強さを利用して、データを補完する方法もあります（第4日で説明する単回帰分析などの方法を利用します）。

データクレンジングの手間を省くために、なるべく統一ルールの下でデータを入力するようにしましょう。

1.3.4　データクレンジングに役立つExcelの機能・関数

🌱 縦組みの表を横組みにする ～行列を入れ替える

下図のような縦組みの表を横組みにするには、形式を選択し貼り付けを利用して行と列を入れ替えます。もちろん、横組みの表を縦組みの表にすることもできます。

① 縦組みの表全体を範囲選択します。表全体を範囲選択するショートカット[13]を利用する場合は、表中の任意のセルを1か所選択した後で、[Ctrl]キーを押しながら[A]キーを押します。周囲にメモなどの文字列が入力されていたり、途中に空白行がなければ、正常に表全体を範囲選択することができます。

---

[13] 複数のキーを同時に押すことで、あらかじめ対応付けられたソフトウェアの特定の機能を実行することができる操作を**ショートカットキー**と呼びます。

1.3 データを扱うための下準備 〜むだな分析をしないために

② 貼り付けを行う先頭のセルを選択し、[Alt]キーを押しながら[E]キーを押し、続いて[S]キーを押します。
「形式を選択して貼り付け」画面が表示されるので、「行列を入れ替える（E）」にチェックを入れ、「OK」ボタンをクリックします。

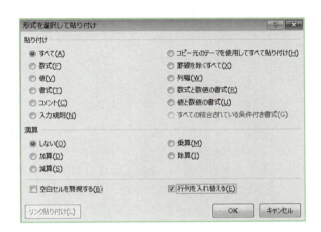

横組みの表を貼り付けることができました。

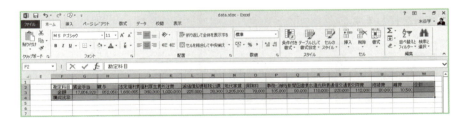

🌱 データの単位は入力せず表示形式で対応

「○○人」、「○○個」といった単位は直接セルに入力することはせず、どうしても表の中で単位を表示させたい場合は、**「表示形式」**を利用しましょう。

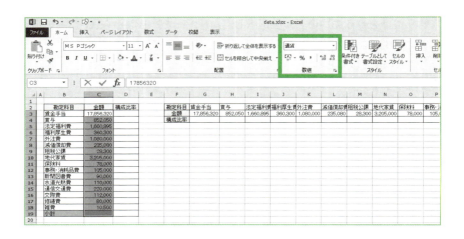

数字の先頭に「¥」マークを表示させる場合や、3桁ごとにカンマ記号（,）を表示させる場合はアイコンから選択をすればよいのですが、任意の単位を表示させたい場合は、表示形式のメニューから「ユーザー定義」の設定を行います。

① **表示形式を設定したいセルの範囲を選択します。**
② **次に、「ホーム」タブの「数値」グループから、右下のアイコンをクリックします。**または、**[Ctrl] キーを押しながら [O] キーを押し、その直後に [E] キーを押します。**

③ 「セルの書式設定」画面の「表示形式」タブの内容が表示されています。ここから任意の表示設定を指定する場合は、**「分類（C）」から「ユーザー定義」を選択します。**

④ 単位として「円」、「人」、「件」などを表示させたい場合は、**右側の「種類（T）」のところに、以下のように指定します。** この例では、「17,856,320」というデータに「円」という単位を追加して表示させる場合を示しています。単位の「円」をダブルクォーテーションマークでくくります。

　　入力例：　#,##0"円"

次のように、金額の部分に「円」が表示されました。

データを分割する 〜データ区切り機能

１つのセルに入力されている数値や文字について、特定の文字数から後ろにある文字（数字）を分割する場合、**データ区切り機能**を使うことができます。

次のようにスペースを含む氏名が入力されているデータについて、苗字と名前の項目に分けたい場合などに活用できます。このデータの場合は、顧客IDのCD10001〜CD10004のお客様氏名が、「苗字」の欄のみに入力されています。

	A	B	C	D	E	F	G
1	顧客ID	苗字	名前	カナ苗字	カナ名前	郵便番号	都道府県
2	CD100001	田坂 景子		タサカ	ケイコ	442-0022	愛知県
3	CD100002	吉井 知世		ヨシイ	トモヨ	655-0891	兵庫県
4	CD100003	横濱 真希		ヨコハマ	マキ	105-0014	東京都
5	CD100004	仁平 美佳		ニヘイ	ミカ	370-0081	群馬県
6	CD100005	吉岡	有沙	ヨシオカ	アリサ	223-0061	神奈川県
7	CD100006	小関	昌恵	コセキ	マサエ	437-0064	静岡県
8	CD100007	田中	舞	タナカ	マイ	514-0102	三重県
9	CD100008	伊井	真由美	イイ	マユミ	772-0011	徳島県
10	CD100009	金澤	利子	カナザワ	トシコ	660-0054	兵庫県

そこで、スペースを境にして、苗字はB列に、名前はC列に配置されるようにします。このとき、C列にはデータが何も入力されていないことを確認しましょう。また、データ区切りが必要な列の右隣の列に空白の列がない場合は、あらか

1.3 データを扱うための下準備 ～むだな分析をしないために

じめ空白の列を作っておきましょう。

① **あらかじめデータの分割を行いたい列から、セルを範囲選択しておきます。**

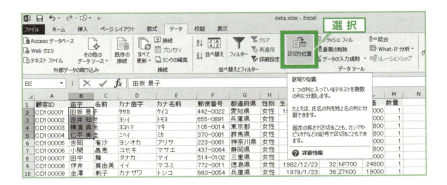

② **「データ」タブの「データ ツール」グループから、「区切り位置」を選択するか、[Alt] キーを押しながら [D] キーを押し、その後 [E] キーを押します。**

③ スペースを基準にデータを分割するだけならば、表示された「区切り位置指定ウィザード - 1/3」で、下側の「スペースによって右または左に揃えられた固定長フィールドのデータ（W）」を選択してもよいのですが、ここでは応用しやすいように、**上側の「カンマやタブなどの区切り文字によってフィールドごとに区切られたデータ（D）」**を選択し、[次へ（N）]をクリックします。

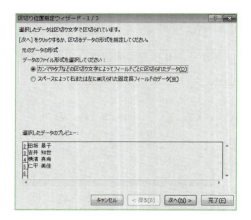

④ 表示された「区切り位置指定ウィザード - 1/3」で、**「スペース（S）」にチェックを入れ、[完了（F）]ボタンをクリックします。**

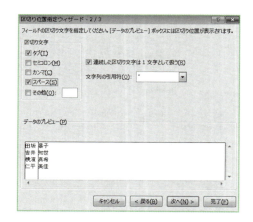

下図のように、苗字と名前を分けることができました。

COLUMN …… よくある質問 Q&A

データの項目はどの程度細かく持っておくべきですか？

データ項目は、なるべく細かい単位で入力・記録することが望ましいです。

たとえば、次のような住所のデータがあるとき、例1のように細かい単位で記録されていれば、発送などのために利用するなら簡単にデータの併合ができます。しかし、例2のように、大きなひとかたまりの単位で記録されていると、そこから都道府県だけを抽出するような場合、かなり面倒な作業が必要になります[14]。

例1：埼玉県｜川口市｜白木｜9丁目8番76号｜ハートパレス川口白木1234号室
例2：埼玉県川口市白木9丁目8番76号｜ハートパレス川口白木1234号室

後からデータの分割が必要になった場合などは、ある程度の工数がかかることも理解しておきましょう。

また、月ごとに集計されたデータからは、日ごとや週ごとの傾向を探ることはできません。しかし、日ごと、また個別の取引単位のデータをいつでも参照できる状態にしていれば、月ごとの傾向を探るなら月ごとに集計すればよいだけです。この場合も、より細かい単位でデータを持っておくことで、目的に合った分析をしやすくなります。

全角文字から半角文字、半角文字から全角文字に変換する

Excel で全角文字から半角文字に変換するのは、**ASC 関数**を利用します。
また、半角文字から全角文字に変換するのは、**JIS 関数**を利用します。
いずれも、変換したい値が入力されているセルを指定します。

次の図では、D2～E5 セルが半角文字で入力されているので、これらを全角文字に変換するため、まず D2 セルに入力されている半角文字を全角文字に変換した文字を、O2 セルに表示させています。

---

[14] レコードによって都道府県があったりなかったりすると、都道府県をキーに検索をすることができなくなります。

住所を入力するための設計は、都道府県｜市町村区｜町域名｜番地｜建物名，……のように、細かい単位で入力できるようにしましょう。また、建物名を除く部分を入力必須とし、都道府県は選択入力するような仕組みにするとよいでしょう。

そして、全角・半角の統一を含むデータクレンジングは、入力か集計・分析またはデータベースの処理のうち、必要な段階で行えるようにしましょう。

Excelで関数を入力するときは、必ず先頭にはイコール（＝）の記号を入力します。ここでは半角文字を全角文字に変換するので、イコール記号に続けて「JIS」を入力し、カッコの内側に全角文字に変換したいセルを指定します。ここでは、「=JIS(D2)」と入力しています。

半角文字から全角文字に1つ変換できたら、それをそのままコピー／ペーストすることで、4人分の半角文字が、全角文字に変換できました。

コピーは編集メニューや右クリックから表示されるメニューから選択してもよいですが、ショートカットキーを覚えてしまいましょう。**コピーしたい範囲を選択してから（ここでは1か所のみ）、[Ctrl]キーを押しながら[C]キーを押します。**なお、コピーするセルは、他のセルの参照しているので、貼り付けるときは、**貼り付け先の先頭のセルを選択してから、[Alt]キーを押しなら、[E]に続いて[S]を押し、表示された「形式を選択して貼り付け」画面で「値（V）」を選ぶか、[Alt]キーを押しながら[V]を押して、「OK」ボタンを押します。**

1.3 データを扱うための下準備 〜むだな分析をしないために

🌱 データの抽出に便利なフィルタ機能

次のような顧客データで、東京都内在住の方のみを抽出するような場合などに**フィルタ機能**を利用できますので、その方法を説明します。

① **まず、表のうち任意の1か所を選択してから、「データ」タブから、「並べ替えとフィルター」グループの「フィルター」を選択します。**

上記はショートカットキーでも行えます。その場合、**[Ctrl]キーと[Shift]キーを押しながら、[L]キーを押します。**

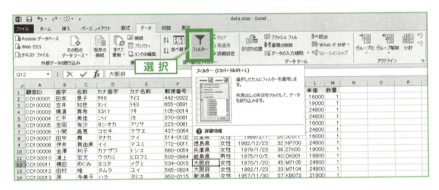

② すべてのデータラベルに、フィルタ機能が有効であることを示すフィルターボタン ▼ が追加されました。ここでは都道府県のデータを対象にするので、**「都道府県」のフィルターボタンをクリックします。**

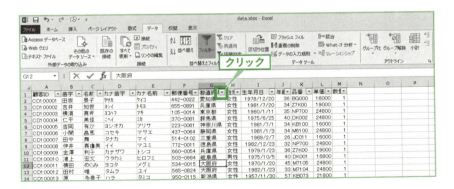

③　表示されたメニューから、抽出したい対象のみを選択します。ここでは「東京都」のみを選択したいので、**「すべて選択」のチェックを外してから、「東京都」のみにチェックを入れて、「OK」ボタンをクリックします。**

「都道府県」の「東京都」のみが抽出されました。

フィルタがかかっているときは**行番号が青色で表示**されるので、確認しましょう。

この状態から、表全体を範囲選択して、「東京都」のみのデータをコピー／貼り付けを行うことができます。

なお、フィルタがかかっている行の上に貼り付けを行うと、見えなくなっているセルにもコピーデータが貼り付いてしまうので、フィルタがかかっている行の上には貼り付けないように注意しましょう。

フィルタ機能を終了するときは、**もう一度「データ」タブの「並べ替えとフィルタ」グループにある「フィルター」をクリック**します。

🌱 VLOOKUP 関数

次の顧客リストから、ランダムに 100 個抽出した顧客 ID を基に、**VLOOKUP 関数**によって顧客リストの情報と紐づけする方法を説明します。

紐づけには、Excel 分析ツールの「**サンプリング**」機能を使いました。サンプリングについては、第 3 日 3.1（p.92）で解説します。

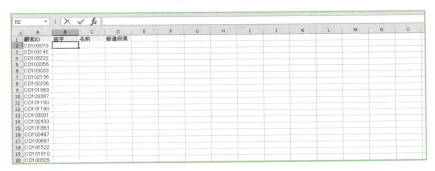

ここでは、顧客データから、「苗字」、「名前」、都道府県」のみを抽出します。VLOOKUP 関数は、次のように指定します。なお、VLOOKUP 関数で抽出するシートには、必ず先頭にデータラベルを配置しましょう。

Excel の 2 行目には CD103073 の ID が表示されています。

CD103073 番の顧客 ID に関する苗字・名前・都道府県を VLOOKUP 関数によって表示させようとしています。

VLOOKUP関数は、4つ(最低3つ)の引数[15]が必要です。最後の「検索方法」の指定を省略すると、「0」または「FALSE」を設定したのと同様に扱われます。

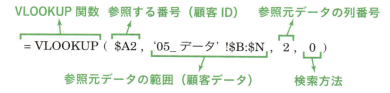

① まずはA2セルを参照するので、「=VLOOKUP(」と入力したら、A2セルを指定します。このとき、このあとの関数のコピー操作によって、参照先が動かないよう、A列のみを固定するため、[F4]キーを(何度か)押して、「A4」の「A」の前に「$(ドルマーク)」をつけます。

② カンマで区切ったあと、次に参照元となる顧客データの範囲全体を指定します。ここでは、「05_データ」シートのB列〜N列の列全体を範囲選択しています。B2セル〜N3728セルと指定してもよいです。ここでも[F4]キーで参照元を固定させましょう。

③ 範囲選択がすんだらカンマで区切り、ここで範囲選択した顧客データのうち、何列目を抜き出すかを指定します。範囲選択したのは「05_データ」シートのB列からN列の13列です。

④ このうち顧客苗字を抜き出したいので、このうち2列目を抜き出すという意味で、次には「2」と指定します。

⑤ そして、検索方法については、「0」または「FALSE」と入力します[16]。なお

---

[15] **引数**:関数で入力や指定すべき領域のことを、引数と呼んでいます。VLOOKUP関数は4つ(最低3つ)の引数があります。また、VLOOKUP関数を入力したB2セルの場合、表示される「高嶋」という値のことを、**戻り値**と呼んでいます。

[16] **検索方法に1またはTRUEを指定する例**:検索方法に「FALSE」を指定すると、検索したい値(ここでは「顧客ID」)について該当がなかった場合は、該当するデータがない旨のエラー表示"**#N/A**"(右記脚注参照)が表示されます。
　「TRUE」を指定すると、該当がなかった場合は、そのデータ(ここでは品番)の値以下の最大値の品番を検索します。なお、検索の型「TRUE」にする場合、表の一番左側の列は、昇順に並べておく必要があります。
　利用例:通販などの「送料マスター」で、販売額が1万円未満の場合に送料500円、1万円以上の場合に送料無料とする場合、送料マスターは販売額・送料の順で、9,999(円)には500(円)、10,000(円)には0(円)とします。VLOOKUP関数で、販売額の欄を参照し、販売額が10,000円以上になる場合、送料の列には0円と反映する場合などに役立ちます。

この検索方法の部分は省略しても問題ありません。

入力がすんだら［Enter］キーを押します。顧客 ID に対応する顧客の苗字が表示されました。この要領で、名前と都道府県も表示させましょう。

名前、都道府県は、苗字の列で指定した「顧客データから何列目抜き出すか」のみを変えればよいので、まずは B2 セルで入力した VLOOKUP 関数を C2 セルと D2 セルにコピーをし、何列目を抜き出すかのみ書き換えましょう。「名前」は「3」、「都道府県」は「7」に書き換えます。

これで最初の顧客のデータについて、紐づけがすみました。

あとは VLOOKUP 関数を入力した B2 〜 D2 セルをそのまま 100 個目までコピーします。

VLOOKUP 関数で空白・エラーを解決する

上記の例では墓データから顧客 ID を抽出したので、該当のない顧客 ID に当たることはありません。しかし、たとえば注文書のフォーマットを作るとき、品番を入力することで商品マスターから商品名や単価を抽出するような場合、商品名や単価の列に VLOOKUP 関数を入力しただけでは、品番が未入力の行が **#N/A エラー**[17] になります。

そこで、次のように IF 関数を使って、解決します[18]。

---

17 **#N/A エラー** VLOOKUP 関数では検索（参照）する番号に該当がない場合のほか、関数の中で指定することができない値を入力した場合などに表示されます。第 2 日 2.2（p.82）の四分位数・パーセンタイルでも #N/A エラーが発生する例があります。

18 IF 関数以外に、IFERROR 関数も使えます。IFERROR 関数は 2 つの引数が必要で、1 つ目は VLOOKUP 関数、2 つ目はエラー時の表示方法を指定します。

　入力例：　=IFERROR(VLOOKUP($A2,'05_ データ '!$B:$N,2,0),"")

IF関数はカンマで区切り3つの部分に分かれています。1つ目は条件を指定します。2つ目は1つ目で指定した条件のとおりだった場合の出力要領、3つ目は1つ目で指定した条件と異なる場合の出力要領を指定します。このIF関数の式を翻訳すると、「A2セルが空白だった場合、空白を指定する。そうではない場合はVLOOKUP関数の出力結果を指定する」という意味になります。

COLUMN …… よくある質問 Q&A

関数ウィザードは使ってはダメですか？

Excelの関数を入力するのに、関数ウィザードを使う方法があります。

上記をクリックすると、次のように、関数の挿入画面が表示されます。

ここでは平均値を求めるための AVERAGE 関数を例にあげますが、上図のように AVERAGE 関数を選択すると、次のようにセルの指定や範囲選択をするためのウィンドウが表示されます。

確かに、この方法で関数を入力することはできます。しかし、たとえば p.33 で説明したように IF 関数と VLOOKUP 関数を併用したい場合、結局 VLOOKUP 関数はここで手入力しなければなりません。

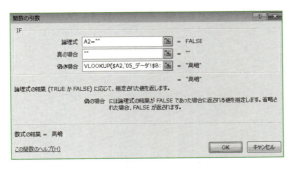

Excel で関数を入力をするときは、「IF 関数と VLOOKUP 関数」のように、複数の関数を組み合わせることが少なくありません[19]。また、本書で扱う関数も限られた種類ですので、関数を選ぶのではなく、手入力できた方が、作業効率の面でもより優れています。

---

[19] 1つのセルに Excel の関数を使って何らかの結果を出力したい場合、長い関数にするのは、内容の点検・修正や検証のしやすさを考えると、必ずしも良い方法ではない場合があります。
必要に応じて、作業用の列（または行）を作って、1つ1つの関数・数式はなるべくシンプルにしておくと、かえって検証や点検・変更などの作業がしやすくなります。

第1日のまとめ

　データを分析して、何か仮説や結論を見い出すことで、意思決定に結び付けようとするとき、次のことを念頭において臨みましょう。

　参考になる項目も、併せて示しておきます。

（1）分析の目的をハッキリさせ（たうえでデータを集め）ること
（2）データクレンジングを考慮すること
　　　→ 1.3.3 データクレンジングとは（p.19）
（3）グラフで表すこと　→ 2.1 データの内容を視覚的に表す～グラフ（p.38）
（4）相関関係に注目すること
　　　→ 4.2 相関～2つの数値項目の関連度合いを探る（p.134）
（5）全体のひとくくりで傾向を探るだけでなく、年齢別・性別などの属性別に層別すること

　第2日ではこのうち、データの特徴を表す方法について解説します。キーワードは、グラフと、平均値などに代表される基本統計（記述統計）です。

[第❷日]

記述統計学

事実を把握・訴求するためにデータの
特徴を表す方法

データの特徴を表すには、グラフで表すこと、そして我々がよく耳にする「平均値」といった指標で表す方法があります。
グラフや平均値などの指標を正しく扱うことは、正しい意思決定につながっていきます。

2.1 データの内容を視覚的に表す 〜グラフ

2.1.1 グラフの作成の心構え

「グラフのことや作り方なんて、今さら教わらなくてもいいよ」

と思われる方がいるかもしれません。実際、グラフはプレゼンや会議などで資料の一環として使われていますし、新聞や雑誌、インターネットの記事でも目にすることでしょう。それでは、ここで皆さんにお訊ねします。あなたは常に、次のことを意識してグラフを作っていますか？

🌱 伝えたいことがグラフに込められているか

あなたがグラフを作ってまで「伝えたいこと」は何でしょうか？

たとえば、以下のグラフは20xx年1〜4月の4か月間について、同じアンケート調査を行ったときの賛成・反対の割合を示しています[1]。これを、どのように解釈できますか？

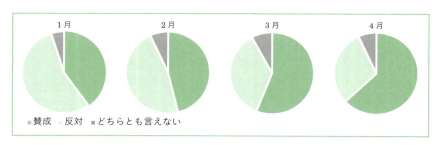

しっかり見ていけば、1月から月を追うごとに「賛成」の割合が増えていることはわかります。しかし、4枚の円グラフを横に見なければならず、こうした傾向を把握しづらいものになります。そこで、次のようなグラフで示せば1枚のグラフで賛否に関する4か月間の推移を、より把握しやすくなります。

---

[1] 後述しますが、本来このように調査の結果について円グラフを使う場合は、回答者数を併記しましょう。

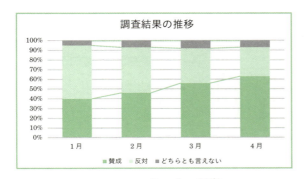

これは、Excel の **100％積み上げ縦棒グラフ**というグラフを使っています。

グラフには、それぞれ用途に合った種類を選ぶという鉄則があります。次に示す種類と用途を思い出しながら、日常業務などでグラフを活用しましょう。

2.1.2 グラフの種類と用途

グラフを用いる場合は、その用途に応じて、どの種類のグラフを使うのが適切かを考えましょう。

ここでは Excel でサポートしているグラフのうち、よく使われる種類のグラフについて採り上げます。いろいろな種類のグラフがありますが、おおよそ 4 つの目的に分けられます。

(1) 大小の比較を表す

……**棒グラフ**（Bar Chart）、**レーダーチャート**（Radar Chart）など

一般に棒グラフは、項目ごとの数量について大小を比較するのに利用します。次ページの図の左側は**縦棒グラフ**、右側[2]は**横棒グラフ**です。縦軸は数量を表し、上に伸びていれば伸びているほど、数量が多いことを表します。

2　**Excel の横棒グラフ**：Excel のグラフ機能では、グラフ描画用の表にある項目が、軸に近い位置から順にグラフに配置されます。横棒グラフでは、数値の軸が下側に配置されるため、グラフ描画用の表にある順序とは逆順で配置されます。グラフにある項目の順序を表と同じ順序でグラフに反映させたい場合は、項目軸（図では「満足している」、「どちらとも言えない」、「不満である」と表示されている部分）の「軸の書式設定」で、「軸を反転する」を行うか、表示用の表と、グラフ描画用の表を分けて作成するなどの方法があります。

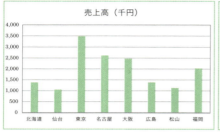 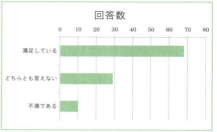

レーダーチャートは、項目間のバランスを見るのに役立ちます。中心から外側に伸びていれば伸びているほど、数量が多いことを表します。なお、下図の例では、平均値との比較ができるようにしています[3]。

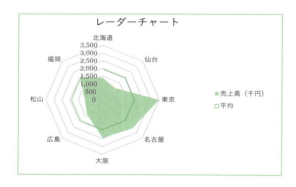

(2) 時系列データの推移を表す

……**折れ線グラフ**（Line Chart）、**ローソク足チャート**（Candle Chart、Excelでは株価チャートと分類されています）など

折れ線グラフは、縦軸に数量、横軸に時間を配置します。横軸の間隔は、グラフ上の見た目だけでなく、本質的な時間の間隔も等間隔で配置します。次ページの図のように、「13期、14期、15期……」と常に1年ずつ増えていくようにします。

---

[3] 昨年と今年の比較など、複数の線で表すことができます。ここではすべての項目（北海道、仙台、……、福岡）に全体の平均値を配置することで、平均値と比較できるようにしています。

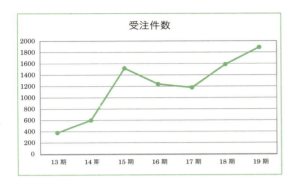

　ここで、営業日だけ記録されるデータについてグラフに表す場合、暦の日付を基準にしてしまうと、休業日はデータがないため正しくグラフに表すことができません。

　あくまで営業日だけをグラフに反映させる場合は、下図左のように横軸を暦の日付ではなく「営業日」として「1（日目）、2（日目）、3（日目）……」と配置した折れ線グラフを使うとよいでしょう。

　もし、休業日にもデータの増減があり、このことをグラフに反映させたい場合は、下図右のような**散布図**を使うとよいでしょう（散布図については、p.44 で説明します）。

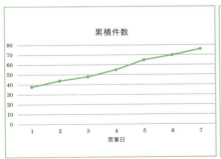
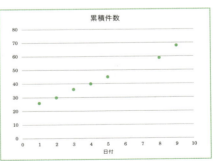

また、たとえば前年同月比を視覚的に比較したいような場合は、次のように表を作り、グラフに反映するとよいでしょう。

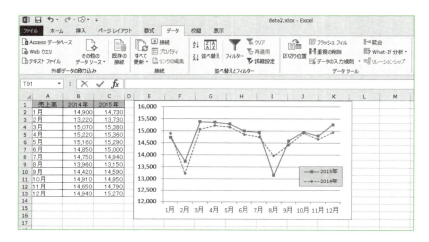

ローソク足(あし)チャートは、日ごとの株価について、左から順に**始値(はじめね)**、**高値(たかね)**、**安値(やすね)**、**終値(おわりね)**の4列を対象にグラフに表すものです。

白色で塗りつぶしたものは陽線と呼び、始値よりも終値の方が高いときに使われます。

黒色で塗りつぶしたものは陰線と呼び、始値よりも終値の方が低いときに使われます。

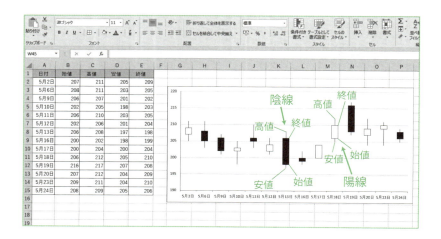

(3) 比率を表す……**円グラフ**(Pie Chart)、**帯グラフ**(Band Chart)　など

円グラフは、それぞれの項目が全体のうち、どの程度の**割合**(Proportion)や**比**(Ratio)[4]を占めているかを項目別の面積で表しています。このとき、Excelではそれぞれの件数の割合を求める作業をしなくても、自動的に割合が円グラフに反映されます。

なお「全体の7割が賛成」という場合、もし実態が「7人中5人が賛成だった」としたら、その調査結果は信頼できるでしょうか。回答者数が少なすぎて、とても信頼できるものではありませんよね。アンケート調査結果で円グラフを使う場合は、回答者数を併せて示しましょう[5]。

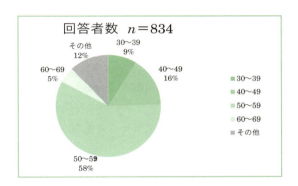

円グラフでは一般に、比率の大きい順に配置します。また、少数項目をまとめて1つの「その他」という項目で表したい場合は、比率の大きさに関わらず最後に配置します。

ちなみに、このように数値を大きい順（大きい値から小さい値になるよう）に並べることを**降順**(Descending Order)と呼び、逆に小さい順（小さい値から大きい値になるよう）に並べることを**昇順**(Ascending Order)と呼びます。

---

[4] 割合とは、全体のうち対象となるものがどれだけ含まれているかを表し、「対象とするものの量÷全体の量」で求めます。一般に「パーセント（％、percent）」と表現します。なお、「2割6分9厘」のような表現は、**歩合**とも呼ぶことがあります。
　比とは、2つの集団について比較したときの割合を示し、2：3（2対3）のように表します。そして比率は、全体のうちの割合を率（一般にパーセント）や、全体を10などの数値に置き換えて表します。

[5] 一般にサンプルサイズ（標本の大きさ）は n で表し、母集団のサイズのことは N で表します。

帯グラフは、1つのグラフで複数の項目について比率を表す場合に、円グラフより適しています。

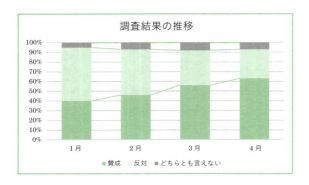

(4) 2つ（または3つ）の変数の関連を表す
……**散布図**（Scatter Plot）、**バブルチャート**（Bubble Chart）

散布図は、2つの数量の関連度合いを1つのグラフで表すのに利用されます。横軸と縦軸の2つの軸で数量の大きさを表すことで、データの相関関係の強さを確かめることができます。

Excelで散布図を作成するには、2列の数値データが必要です。相関関係を正しく散布図から把握できるよう、点（**マーカー**と呼びます）が配置される領域（Excelでは**プロットエリア**と呼びます）は、なるべく正方形[6]で表しましょう。

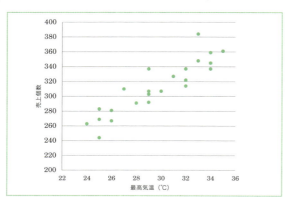

---

[6] グラフ全体（グラフエリア）やプロットエリアの大きさは、数値で設定することができないので、大きさは、目検討で設定します。

バブルチャートは、横軸と縦軸と円の大きさにより、3つの要素を1つのグラフで表すのに利用されます。3列の数値データが必要です。

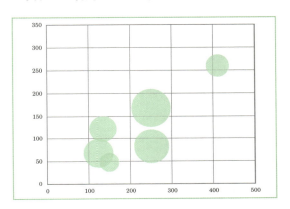

2.1.3　グラフを作るとき・読み取るときの注意点

グラフを作るときや読み取るときは、正しい意思決定のためにも、最低限、以下で説明する内容をしっかり理解しておきましょう。

🟢 縦軸の基点

たとえば左図では、生産量に一見大きな差があるように見えますが、総じて2,600〜2,700トン台に収まっており、実際の差は最大でも120トンです。このグラフの縦軸の基点を0にすると、下図右のようになります。

つまり、左図は大小の差をわかりやすく大きく見せるために、縦軸の基点をあえて0にしていないのです。縦軸の基点の設定次第では、グラフがわかりやすくもなるし、また逆に誤解を招いてしまうこともあるのです。

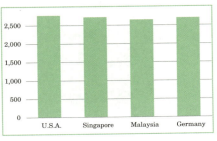

🌱 グラフの立体化

Excel では、グラフを簡単に立体化できます。一見、見栄えが良いのですが、すべてのグラフを立体化すべきなのでしょうか？

たとえば、次のグラフでは、左端の 4 月から順に 100、128、140 を指していますが、このグラフからこれらの値を読み取ることは簡単ではありません。このように、グラフを立体化すると、数値を正しく読み取ることが難しくなってしまう場合があります。

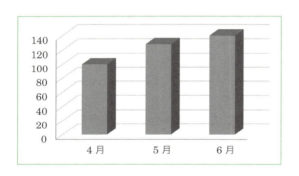

また、円グラフを立体で表してしまうと、円グラフの形によって面積の比較が難しくなり、誤った印象を与えかねません。

次のデータの場合、明らかに赤色の割合が最も大きいはずなのに、これを立体化した右図の円グラフでは、赤色が最も大きい割合を占めていることを認識しづらいものになっています。立体の円グラフは、使わないようにしましょう。

また、こうした立体の円グラフを目にしたときは、数値を慎重に読み取ることを忘れないようにしましょう。

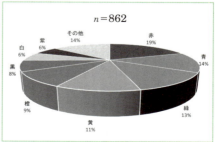

COLUMN …… よくある質問 Q&A

大小の比較に折れ線グラフを使ってはダメなのですか?

　棒グラフは大小の比較を、折れ線グラフは時系列データの推移を表すのに使うと説明しました。しかし、あなたが最も伝えたいことに応じて、利用するグラフの種類を臨機応変に選んでいくことも大切です。

　次のデータは、年収の調査をしたものですが、あるサービスを利用している人とそうでない人との間で、サービスを利用している人の方が、高めの年収を回答している人数が多いことを示しています。

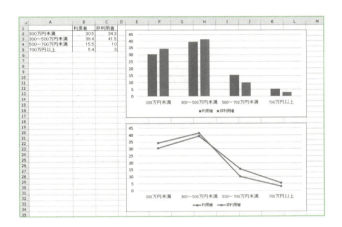

　このとき、利用者と非利用者との間で年収の傾向の違いを示すのに、棒グラフで表すよりも、折れ線グラフで示した方が、高い年収になればなるほど傾向が逆転することを、より直感的に伝えることができます。

　また、次のグラフを見てください。16期から22期の受注件数をグラフで示し、近年、過去最高の受注件数を記録していることを表したいとします。

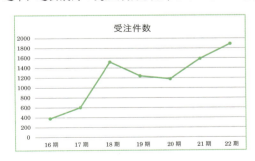

時系列データをグラフで表す場合、一般に折れ線グラフを使うと説明しました。しかし、このように途中で件数が減少しているのを目にした人の中には、

「18～20期に件数が減少しているのはどういう事情か。この先も本当に順調に増加し続ける見込みはあるのか。」

と指摘されたり、また指摘されなくてもこちらから説明しなくてはならないかもしれません。

そこで、16期から6年間で5倍の伸びを示し、今後も伸びが期待できることを伝えたいのであれば、まず次のように「6年間で5倍の伸び」ということだけを、端的にアピールする方法を考えてもよいでしょう。ここでは、16期と22期だけの受注件数を使って、Excelの棒グラフと、図形の挿入などで描いています。

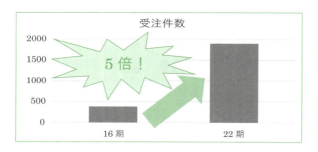

まとめ：
・最も伝えたいことをグラフに込めること
・用途に応じて、臨機応変にグラフを使い分けること

2.1.4　Excelでグラフを描く一般的な操作

Excelでグラフを描くための操作は、どのグラフも基本的に同じです。

① グラフを描くための表全体を範囲選択してから、「挿入」タブの「グラフ」グループから、任意の種類のグラフのイラストが描かれた部分をマウスで選択します。

次ページの図では、「縦棒グラフ」を選択しています。図の左にあるグラフ描画用の表には、先頭行にデータラベルを必ず配置し、次の表にある左側の列

（A列）が横軸、右側の列（B列）が数量を表す部分に反映されます。なお数量を表す項目（下図では「売上高」）をExcelでは**系列**と呼んでいます。

② **さらにグラフの細かい分類が表示されるので、表示させたいグラフの種類を1つ選択します。**

次の例では、いわゆる通常の縦棒グラフである、「集合縦棒グラフ」を選択しています。

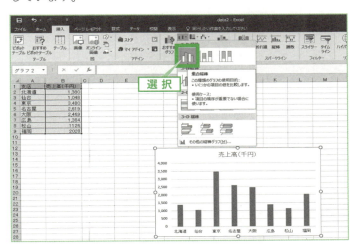

②のグラフの種類の部分にマウスで合わせた時点で、Excelのワークシート上で該当するグラフが表示され、そのままマウスをクリックすると、グラフが確定します。

次からは、いろいろなグラフを描く際の細かい操作方法や注意点などを説明します。

棒グラフ・折れ線グラフの場合

棒グラフや折れ線グラフなどで、横軸（項目部分）に配置したい内容を、「年」や「月」などの数値のみを指定したい場合の注意点について説明します。

下図のA列は「年」、B列は「受注件数」で、これについて折れ線グラフを描こうとしました。しかし、「年」は数値のみのため、これもグラフの要素として認識されて2本の折れ線グラフになってしまいました。

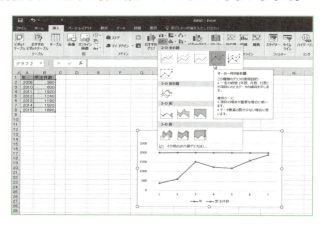

このように意図しないグラフになってしまうときは、次の2つの解決方法が考えられます。

① いったんこのままグラフを作成してしまい、横軸を配置しなおす
② グラフの横軸に配置したい項目を、数値のみではなく、「年」などの単位を追加した上でグラフを作り直す

②の方法は特に説明はいらないと思いますので、ここでは①を説明します。
まずグラフ上で直接、「年」に相当するグラフを削除します。

配置されている値によっては直接削除しづらいので、グラフの部分で右クリックして表示されたメニューから、「データの選択（E）」を選び、表示された「データ ソースの選択」画面から、「凡例項目（系列）（S）」にある項目から、不要な項目（ここでは「年」）を選択して、「削除（R）」ボタンをクリックします。

そして右側の「横（項目）軸ラベル（C）」の「編集（T）」ボタンをクリックし、表示された「軸ラベルの範囲」の画面で、横軸に配置したい範囲を表から選択し

ます。ここでは「年」の「2009」から「2015」が配置されているA2〜A8セルを指定します。選択ができたら「OK」ボタンをクリックします。

「データソースの選択」画面に戻るので、設定がすんだら再び「OKボタン」をクリックします。

🌱 円グラフの場合

Excelでは「分類」[7]と表す各項目は、アナログ時計でいうところの12時の位置から時計回りの順序で配置されます。一般に数量は**降順に並べ替え**をします。並べ替えをする方法はいろいろありますが、ここでは右クリックによる方法[8]と、ウィザードを利用する方法の2つについて説明します。

(1) 右クリックによる方法
① **まず並べ替えをしたい列にある数値のうち、任意のセルを指定します。**
② **表示されたメニューから、「並べ替え（O）」を選択し、さらに表示されたサブメニューから、「降順（O）」を選択します。**

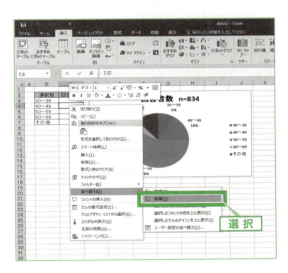

---

[7] 1つ1つの項目をExcelの円グラフでは「分類」と呼んでいます。
[8] 「ホーム」タブの「編集」グループにある「並べ替えとフィルター」ボタンから「降順（O）」を選択しても、同様の方法で並べ替えができます。また、「データ」タブにある「並べ替えとフィルター」グループでも、同様の機能があります。

(2) 並べ替えのウィザードを利用する方法

　並べ替えをしたい表をあらかじめ選択してから、「データ」タブの「並べ替えとフィルター」グループから「並べ替え」ボタンを選択するか、または [Alt] キーを押しながら [D] キーに続いて [S] キーを押します。

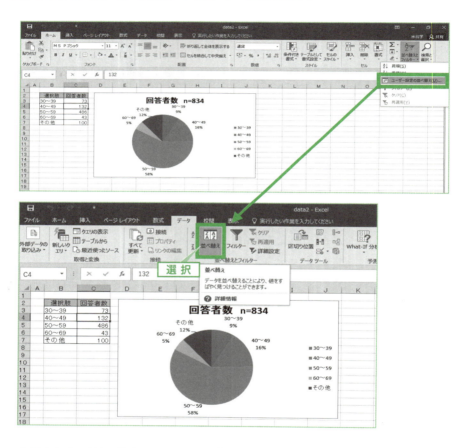

　表示された「並べ替え」画面から、「最優先されるキー」で、並べ替えをしたい列を選びます。ここでは「回答者数」を降順に並べ替えます。

2.1 データの内容を視覚的に表す〜グラフ

「順序」は「降順」を選択し、「OK」ボタンをクリックします。

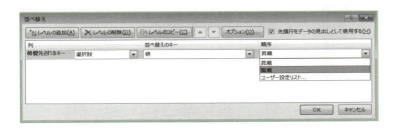

🌱 散布図・バブルチャートの場合

散布図は2列のデータが、バブルチャートは3列のデータが必要です。

簡単に描く方法は、**散布図では隣り合った2列を、バブルチャートでは隣り合った3列を範囲選択して、散布図を選びます**。

このとき散布区では、2列のうち左側の列が横軸に、右側の列が縦軸に配置されます。

バブルチャートの場合は1列目が横軸に、2列目が縦軸に、3列目が円の大きさに配置されます。

なお、散布図やバブルチャートに限らず、先に「挿入」タブの「グラフ」から、作成したいグラフの種類を選択して、グラフが表示されていない、言わば枠だけが表示されている状態から、データを選択する方法もあります。そうすれば隣り合っていない任意の列から、グラフを作ることもできます。方法は、

① グラフエリアの部分で右クリックをし、表示されたメニューから、「データの選択（E)」を選択します。
② 「凡例項目（系列）(S))」の「追加」ボタンをクリックし、横軸に配置した

い数値の範囲を「系列 X の範囲（X）」に、縦軸に配置したい数値の範囲を「系列 Y の範囲（Y）」に指定し、「OK」ボタンをクリックします。
③ 再び「データ ソースの選択」画面に戻るので、設定がすんだら、「OK」ボタンをクリックして閉じます。

また、縦軸と横軸は何を示しているのか、わかるように説明を加えましょう。紙ベースの資料では、グラフの周辺に注釈を加えることで充分な場合がありますが、散布図の上で説明する場合は、「軸ラベル」の追加をする方法があります。軸ラベルの追加方法は、**グラフを選択したときに表示される、グラフの外側にある「＋」の記号をクリックし、表示されたメニューから「軸ラベル」にチェックを入れます**[9]。

軸ラベルの初期値は「軸ラベル」と表示されているので、これを上書きします。
なお、横軸・縦軸それぞれの最小値は、初期値が 0 になっているので、プロットエリアへの表示は、すべてのデータが反映されるよう、軸の書式設定で、最小値を次のように設定しましょう。軸の書式設定は、**横軸・縦軸ともそれぞれの軸のところで右クリックをして、表示されたメニューから「軸の書式設定（F）」を選んで設定します**[10]。

---

[9] **軸ラベルの追加**：Excel 2007・2010 の場合は、グラフを選択した状態で表示される「グラフツール」メニューから、「レイアウト」タブの「ラベル」グループから、「軸ラベル」を選択して追加します。
[10] 横軸に配置された変数と縦軸に配置された変数のそれぞれの最小値よりも、少し小さい値に設定します。

2.2 データの内容を1つの数字で表す ～基本統計量

データの特徴を説明するのに、グラフで表す方法を説明しました。

ここでは、データの特徴を1つの数字で表す方法について採り上げます。

よく見聞きする平均値も、データの特徴を1つの値で表す方法の1つです。ほかにもばらつき具合を表す方法などもあり、こうした値を総称して**基本統計量**（Basic Statistics）または**記述統計量**（Descriptive Statistics）、**要約統計量**（Summary Statistics）と呼びます。本書ではExcelの表記に合わせて、**基本統計量**と呼ぶことにします。

2.2.1 平均値は普段よく使うものだけど……

データの特徴を1つの値で表すのに良く使われるのが、**平均値**（Average[11]）です。統計学では、後述するように利用シーンに合わせて様々な種類の平均値があり、他の種類と区別をするため、我々が通常使う平均値のことは、**単純平均**や**算術平均**、**相加平均**（Arithmetic Mean）と呼びます。

平均値は、求める対象となる数値をすべて合計し、データの個数（行数）で割り算して求めます。2つの式のうち、下側の式[12]は、統計学の書籍などで見られる表現ですが、上側の式は、これを翻訳したものです。

$$単純平均値 = \frac{①番目のデータ + ②番目のデータ + \cdots\cdots + 最後のデータ}{データの個数}$$

$$\bar{x} = \sum_{i=1}^{n} \frac{x_i}{n}$$

それではここで、1つ出題します。

---

[11] Average：日常語ではAverageが使われますが、統計学ではMeanという単語が使われます。
[12] Σ：ギリシャ語で大文字の「シグマ」と呼びます。この記号の後に続く内容（計算結果）を合計するという意味があります。

［第❷日］記述統計学 ―事実を把握・訴求するためにデータの特徴を表す方法

Q. 毎月の小遣い額について、100人にアンケート調査を行ったところ、100人の毎月の平均小遣い額は、5万円でした。次の3つの文章のうち、この結果から確実に正しいと言えるものを○、そうでないものを×と答えましょう。
A) 5万円以下と回答した人が、約50人いた
B) 5万円と回答した人が、最も多かった
C) 100人の小遣い額を合計すると、500万円だった

わかりましたか？　正解は、A）×、B）×、C）○です。
AやBが○になるためには、小遣い額について次のような分布になっていることが前提です。

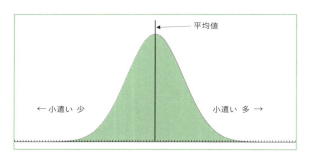

上の図は**ヒストグラム**（Histogram）と呼びます。横軸は小遣いの額の多さを表し、左側にあるほど少なく、右側にあるほど多いことを表しています。縦軸は人数を表しています。本来、ヒストグラムでは、横軸に配置する値をいくつかの階級で分け、階級ごとに何件のデータが含まれるのかを縦軸に表します。ヒストグラムについては、Excelの操作説明と共に、2.2.3（p.65）で説明します。

もし、今回の調査の結果が、上図のような分布[13]になっていて、分布のピークが5万円を示している場合ならば、5万円を境に、5万円以下の小遣いの人が約半数いただろうと推測しやすいことになります。また、5万円と回答した人が最も多かったことも推測できるでしょう。

---

[13] 上図のような形の分布を統計学では、**正規分布**（Normal Distribution）と呼びます。正規分布の特徴は、①いわゆる釣鐘形をしており、②左右対称の分布を示し、③ピークが単純平均値・中央値・最頻値であることなどがあげられます。
　正規分布の場合、平均値±標準偏差（後述）の範囲には、約68.3%のデータが含まれます。

しかし、平均値だけが情報として得られたとき、必ずしも中間の順序にあたるとは限らないこと、また必ずしも多勢を示す値になるとは限りません。それらは、分布の形によります。

たとえば、次のような分布では、平均値が集団を代表する値と言えるのかどうかは、疑わしいものになります。

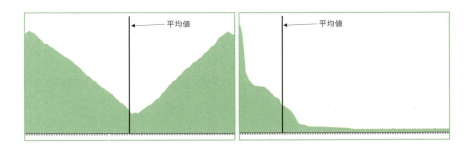

🌱 平均成長率を求める 〜幾何平均

同じ「平均」でも、次のように平均の伸び率を求める場合は、これまでに説明した単純平均を使うと、正しく求めることができません。

次のデータは、第19期から前年比2倍・3倍・4倍の伸び率を示しているデータです。このときの平均伸び率はいくらかを求めます。

	A	B	C
1	年	売上高（百万円）	伸び率（倍）
2	第19期	100	
3	第20期	200	2
4	第21期	600	3
5	第22期	2400	4

前年比2倍・3倍・4倍という伸びを示していることから、「(2＋3＋4)÷3」と計算した答え、つまり単純平均値は3倍だと答えたとしたら、それは誤りです。

もし平均成長率が3倍だとしたら、第19期の1億円から、3倍ずつ伸びていき、第22期には27億円になるはずです。しかし、第22期の売上高は24億円なので、平均の伸び率を求めるのに、単純平均値を使ってはならないことがわかります。

そこで、次のように計算[14]する**幾何平均**（Geometric Mean、**相乗平均**とも呼びます）を使います。

幾何平均値 = $\sqrt[\text{データの個数}]{①番目のデータ×②番目のデータ×\cdots×最後のデータ}$

$$\bar{x}_g = \sqrt[n]{\prod_{i=1}^{n} x_i}$$

このデータで説明すると、長さが 2 m × 3 m × 4 m の立方体の体積（24 m³）を変えずに、すべての辺を同じ長さにするときの一辺の長さを求めているのと同じことをしています。

上の式によって次のように計算すると、平均成長率は 2.88 倍だとわかります。

$$\sqrt[3]{2 \times 3 \times 4} = 2.88$$

総平均を求める〜加重平均

たとえば年代別の平均値がわかっているとき、全体の平均年齢を求めるのに、そこから全体の平均値、つまり「平均の平均」を求めてしまったことはありませんか。これは、大きな間違いです。

次のデータは、年代別・性別のサービス利用額の平均を表しています。

	A	B	C
1		女性	男性
2	10〜19歳	3,200	3,050
3	20〜29歳	4,800	5,210
4	30〜39歳	7,000	7,050
5	40〜49歳	6,800	7,200

このデータから、性別で平均利用額を求めたり、年代の平均利用額を求めるとき、単純平均を使って求めてはいけません。まず、それぞれの人数を明らかにし、合計を求めてから平均値を求めましょう。こうした平均値のことを**加重平均**（Weighted Average）と呼びます。

---

[14] **幾何平均を求める式**：ここに示す以外にもう1つあり、巻末の付録で説明しています。また、これと併せて平方根（ルートの記号）についても巻末の付録で説明しています。

Π記号：ギリシャ文字の「パイ」の大文字。この記号の後ろ側に続く計算結果をすべて掛け算することを表します。ちなみに円周率（円周と直径との比率）を表すπは小文字のパイです。

🌱 往復の平均時速や平均工数を求める 〜調和平均

小学校のときに、次のような問題を解いたことはないでしょうか。

「300 km の道のりを車で移動したとき、往きの平均時速は 50 km、帰りの平均時速は 60 km でした。このとき往復の平均時速はいくらでしょうか」

往きは 6 時間、帰りは 5 時間かかっているので、往復の合計 600 km を 11 時間かけて往復したことを考えると、600÷11 で、平均時速は 54.5 km と求められることがわかります。単純平均の (50 ＋ 60)÷2 ＝ 55 km ではありません。時速は距離を時間で割り算して求める、つまり逆数を使っている平均値です。これを**調和平均**（Harmonic Mean）と呼びます。

調和平均値は、次の式で求めます。

$$\text{調和平均値} = \frac{\text{データの個数}}{\dfrac{1}{\text{①番目のデータ}} + \dfrac{1}{\text{②番目のデータ}} + \cdots + \dfrac{1}{\text{最後のデータ}}}$$

$$\bar{x}_h = \frac{n}{\sum_{i=1}^{n} \dfrac{1}{x_i}}$$

この時速の例では、$\dfrac{2}{\dfrac{1}{50} + \dfrac{1}{60}}$ という式から、調和平均は 54.5 と求めることができます。全体の道のりの情報がなくても求めることができるのです。

では、次の例を考えてみましょう。

> **Q.** 土門さんと小瀬さんの 2 人が壁の塗装をしています。土門さんだけで塗った場合は 3 時間かかり、小瀬さんだけで塗った場合は 2 時間かかります。このとき 2 人で同時に塗装をしたら何時間で終わるでしょうか。

この場合は、土門さんは 1 時間あたり全体の 1/3 を、小瀬さんは 1 時間あたり全体の 1/2 を塗ることができます。このことから、2 人で同時に塗れば 1 時間あたり、全体の 5/6 を塗ることができます。

塗る量全体を 1 として、1 時間あたり 5/6 を 2 人で塗ることができるので、2 人で同時に作業するときの所要時間は、1÷(5/6) で 1.2 時間、すなわち 1 時間 12 分と求めることができます。これを調和平均で求めると、次の式になります。

最後に 2 で割り算している（1/2 を掛けている）のは、2 人で同時に作業をし

ているためです。3人による同時の作業の場合は、3で割り（1/3を掛け）ます。

$$作業所要時間 = \frac{2}{\frac{1}{3}+\frac{1}{2}} \times \frac{1}{2} = \frac{1}{\frac{5}{6}} = \frac{6}{5} = 1.2$$

🌱 データのちょうど中間に位置する順番に当たる値 〜中央値

単純平均のところでは、分布の形を無視できないことを説明しました。

これに関連して、データの中心を表す方法があります。

データを昇順または降順に並べ替えたとき、ちょうど中間の順序に位置する値が、**中央値**（Median）です。

データの個数が奇数の場合は、ちょうど中間に位置する値は存在しますが、データの個数が偶数の場合は中間に位置する値が存在しません。

データの個数が偶数の場合は、中間に位置する2つの値の単純平均値を中央値とするという約束があります。

```
                         この「4」が中央値
                              ▼
データの個数が奇数の場合：  1  2  3  4  5  6  7

                     「4」と「5」の単純平均値「4.5」が中央値
                              ▼
データの個数が偶数の場合：  1  2  3  4  5  6  7  8
```

次の受注高を示すデータを見てください。平均値と中央値を比較してみましょう。右側の表は、左側の表について受注高を降順に並び替えたものです。

	A	B	C	D
1	担当者	受注高		
2	財津	4,500		
3	吉田	1,600		
4	安部	1,750		
5	上田	1,500		
6	姫野	2,000		
7	伊藤	1,400		
8	宮城	1,600		
9	松本	1,000		
10	丹野	1,300		
11	高橋	1,200		
12				
13				
14	平均値	1,785	=AVERAGE(B2:B11)	
15	中央値	1,550	=MEDIAN(B2:B11)	

	A	B	C	D
1	担当者	受注高		
2	財津	4,500		
3	姫野	2,000		
4	安部	1,750		
5	吉田	1,600		
6	宮城	1,600		
7	上田	1,500		
8	伊藤	1,400		
9	丹野	1,300		
10	高橋	1,200		
11	松本	1,000		
12				
13				
14	平均値	1,785	=AVERAGE(B2:B11)	
15	中央値	1,550	=MEDIAN(B2:B11)	

このデータの単純平均値は **1,785** です。しかし 10 人の受注高のうち、8 人が平均値を下回っています。財津さんの受注高が他の担当者と比べて大きく、外れ値と言えそうです。平均値はこうした外れ値の影響を受けやすいのです。

しかし、中央値はデータの大きさの順序だけが対象になっているので、こうした外れ値の影響を比較的受けにくい指標[15]だと言えます。なお、この受注高の中央値は、**1,550** です。

🌱 最も多く現れる値〜最頻値

データのうち、どの値が最も多く現われているのかを示すのが**最頻値**（Mode）です。

たとえば、「2・3・3・4・6・7」という 6 行のデータの場合、最頻値は 3 と表します。

最頻値を求める Excel の関数は存在しますが、扱いにくく、実務ではピボットテーブルなどで値の個数を数える方法が現実的です。最頻値の求め方は、後述します。

2.2.2 データのばらつき具合を探る

ここでは、データのばらつき具合について注目することにします。

次の 2 つのデータを見てください。2 つの Web ページに関するアクセス件数を記録したものです。なお、ここでは説明しやすくするため、アクセス件数は昇順に並べ替えています。

右側のグラフは、発生したアクセス件数が何回発生しているのかを表したヒストグラム[16]です。ページ A でアクセス件数 176 回のところに注目すると、1 日で 176 回を記録した日が 3 回あったことを示しています。

---

[15] 外れ値の影響を受けにくい指標を統計学では、外れ値に対して「頑健である」と表現することがあります。またこの「頑健である」ことを英語では、ロバスト（robust）と言います。
[16] 横軸は 0 から 325 の範囲のアクセス件数を 1 件ずつ配置しています。

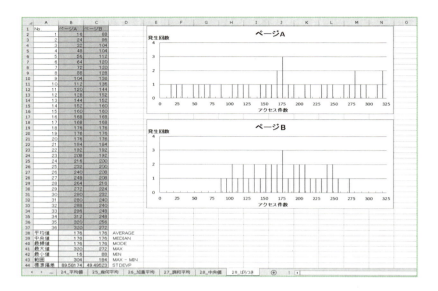

グラフを見ると、ページ A よりもページ B の方が、アクセス件数のばらつきが少ないように見えます。Excel による求め方は後述しますが[17]、平均値、中央値、最頻値は、ページ A、ページ B 共に 176 回です。

これまでに説明した平均値、中央値、最頻値だけでは、データの特徴は一見同じに見えますが、ばらつき具合に違いも注目する必要があるのです。

🌱 データの範囲

データの範囲は、データのうち最大値（Maximum Value）から最小値（Minimum Value）の差を求めたものです。データの範囲を求めると、簡単にデータのばらつき具合を探ることができます。**レンジ**（Range）とも呼びます

たとえば、上記のページ A の最大値は 320、最小値は 16 なので、ページ A のレンジは、320 − 16 = 304 と求めます。ページ B は最大値 272 から最小値 88 なので、ページ B のレンジは、272 − 88 = 184 と求めます。

レンジを見れば、ページ B の方がばらつき具合は小さいと判断できます。

なお、今回ページ A やページ B には外れ値は含まれていませんが、外れ値がデータに含まれている場合、データのレンジは外れ値に応じて拡がります。

---

[17] 平均値や中央値・最頻値などを求める Excel の関数は、2.2.4（p.78）でまとめて説明します。

🌱 平均値からどれだけばらついているか 〜標準偏差

統計学で良く使われるばらつき具合を表す指標の1つが**標準偏差**（Standard Deviation）です。平均値からどの程度ばらついているのかを表しています。

標準偏差を求める式は次のとおりです[18]。

$$s = \sqrt{\frac{\sum_{i=1}^{n}(x_i - \bar{x})^2}{n-1}} \quad \text{または} \quad \sigma = \sqrt{\frac{\sum_{i=1}^{n}(x_i - \bar{x})^2}{N}}$$

左側の式は一般に、母集団から抽出した標本を対象にしており、**不偏標準偏差**（Unbiased Standard Deviation）と呼びます。

右側の式は母集団を対象にしている場合（母集団の存在を前提としていないような場合）を対象にしており、**標本標準偏差**（Sample Standard Deviation）と呼びます。この式について、1つひとつばらして説明すると、次のようになります。

① データの単純平均値を求め、1番目のデータから平均値を引き算します。この値を**偏差**（Deviation）と呼びます。

② ①の偏差をすべてのデータについて求めて合計すると、常に0になってしまうため、偏差を2乗します。常に正の値になります。これを**偏差平方**（Squared Deviation）と呼びます。

③ 偏差平方をすべてのデータについて求めて、その結果を合計します。この値を**変動**（Variation）と呼びます。また偏差を2乗した値を合計したものということで、**偏差平方和**（Sum of Squared Deviation）とも呼びます[19]。

④ 偏差平方和から、「データ行数－1」または「データ行数」で割り算します。この値を**分散**（Variance）と呼びます[20]。前者で割り算したものを**不偏分散**（Unbiased Variance）、後者で割り算したものを**標本分散**（Sample Variance）と呼びます。

⑤ 分散の平方根を求めます。この値が標準偏差（Standard Deviation）です。

---

18 σ記号：ギリシャ文字の「シグマ」の記号の小文字。
　Σ記号：ギリシャ文字の「シグマ」記号の大文字は、この記号の後ろ側にある値や計算結果をすべて合計するという意味です。

19 偏差平方和：Excelでは **DEVSQ** 関数で求めることができます。

20 分散：Excelでは前者では **VAR.S** 関数（Excel 2007までは **VAR** 関数）、後者では **VAR.P** 関数（Excel 2007までは **VARP** 関数）で求めることができます。

統計学では、分散もデータのばらつき具合を判断するのによく使われます。しかし、日常業務では分散の平方根で求めた標準偏差の方が、基データと単位が揃うので扱いやすいでしょう。

🌱 データの「自由度」

統計学では**自由度**（Degree of Freedom）という用語がよく出てきます。標準準偏差を求める式で、前者の式は「データの個数－1」で割り算しています。

ここで、「データの個数－1」について説明します。

次のように、3・4・6・8・9という5行のデータがあるとします。データの個数は5、合計は30、平均値は6です。

データの個数が5つのとき、合計が30、平均値が6とわかっていれば、5つの値のうち4つの値が決まると合計や平均値の情報から残り1つの値は決まるので、このデータの自由度はデータ個数5から1を引いた4となります。

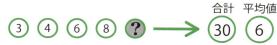

ここで、標準偏差を求めるのに「データの個数－1」で割り算する理由を説明します。

標準偏差は、そもそも平均値がわからないと求まりません。そして、母集団の推定では、標本を基に求めた平均値も、同時に母集団の推定をする値として扱うことから、平均値という情報によって標準偏差を求めるのに制約が1つ増えます。このことから、標本標準偏差の自由度は、データの個数から1を引いたものとして定義しています。

🌱 基本統計量を求める意義

これまでに説明した基本統計量は、ただ個別のデータから求めただけではあまり意味がありません。ポイントは「比較」です。

同じ案件について前回や目標値と比較をしたり、すでに統計として発表されている全国の傾向と比較するといった具合に利用するのです。

そして、平均値や最大値・最小値などの指標自体がどの程度の意味を持つのかの解釈は、機械に頼らず自分で慎重に行いましょう。

たとえば、「売上が昨年の最大の金額を上回った（更新した）」、「全国平均よりも売上は大きい」といったことがわかったとき、この情報は確かに事実を述べています。しかしその「上回った」ことについて、採算などの面で意味があるのかどうかは、また別な話なのです。

2.2.3　データの分布具合を視覚的に探る〜ヒストグラム

平均値のところでも触れましたが、データの分布がどのようになっているのかは、大切なポイントの1つです。

データの値をある一定の範囲で区切って、その範囲内に何件のデータが含まれているのかを示す**度数分布表**（Frequency Table）を出力し、それを基にデータの分布やばらつき具合、分布の中心位置、外れ値の有無を視覚的に探るのに役立つのが**ヒストグラム**（Histogram）です。**柱状図**とも呼びます。

ここでは、標準偏差のところで使ったWebページのアクセス件数を示す「ページA」のデータから、ヒストグラムを作成します。

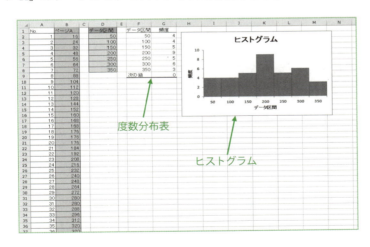

ここで、図の右側のグラフがこのデータのヒストグラムです。横軸はデータの区切りを表し、統計学では**階級**（Class）と呼びます。また、縦軸は区切りごとのデータの個数を表し、統計学では**度数**（Frequency）と呼びます[21]。

21　Excelのヒストグラムでは、「頻度」と表示されます。

Excelでヒストグラムを作成したときの読み方は、このデータでは、1日あたりのアクセス件数が50件以下が4回、50件を超え（すなわち51件から）100件以下が4件、101件から150件が5回……であることを表しています。

Excelのヒストグラムでは、「データ区間」で設定した値が、各階級の上限の値を示しています。そして、F列・G列に表示されている表が、度数分布表です。

🌱 ヒストグラムの特徴

ヒストグラムには、主に次の2つの特徴があります。

（1）面積と度数が一致する

棒の面積と度数（この事例であればアクセス件数）が一致します。つまり、このデータのヒストグラムを中央値である176（件）の位置で分けると、面積は等しく2つに分けられます。

（2）棒グラフとは異なる

棒グラフの場合、横軸は大小を比較するための項目名が配置されるのに対し、ヒストグラムでは一般に連続する数量[22]を配置することから、棒の間隔を詰めるのが慣例です。

🌱 分析ツールでヒストグラムを作る

Excelでヒストグラムを作成するには、FREQUENCY関数で作成する方法[23]と、データ分析ツールで作成する2通りの方法があります。本書ではデータ分析ツールを使う方法で説明し、ピボットテーブルのグループ化を使う方法も参考として説明します。

データ分析ツールで作成する方法は、次の手順のようになります。

---

[22] 連続する数量：気温や物の長さ、重さ、時間など、最小の単位が（一般に）なく、時間では秒・分・時間のように、何らかの単位と共に使われる数のことを指します。数学では連続量（Continuous Value）またはアナログ量と呼びます。

また、個数や人数、（機械等）台数などのように自然数（= 0や整数、Natural Number）で表される数のことを離散量（Discrete Value）やデジタル量と呼びます。

[23] 参考書籍：「マンガでわかる統計学」（高橋信 著、オーム社）など

① **まず、ヒストグラムを作成するデータを準備します。**

ヒストグラムを作成するデータは、データラベル（見出し）のない状態のデータひとかたまり（下図A列～D列）になっているか、またはデータラベルの有無を問わず1行のデータになっていることが必要ですが、一般的には後者の形になっていると、データとして扱いやすいでしょう。

なお、Excelで度数分布表に表示される「データ区間」は、階級ごとの上限の値を示すという仕様のため、「データ区間」の最も小さい値は、データの最小値（ここでは16）よりも大きい値（ここでは50）にし、「データ区間」の最も大きい値は、データの最大値（ここでは320）またはそれより大きい値（ここでは350）にしましょう。

Excelの分析ツール「ヒストグラム」でヒストグラムを作成する場合、「データ区間」をまったく指定しなくてもヒストグラムを作成できますが[24]、あらかじめ決めておくことをお勧めします。

② **「データ」タブの「分析」グループから、「データ分析」のメニューをクリックして選択します。**

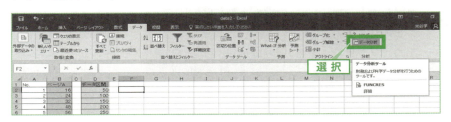

---

[24] Excelのヒストグラム作成機能では、「データ区間」を指定しなくても作成可能です。
Excelでデータ区間を指定しない場合の階級数は、次の方法で決定しています。
① 最小のデータ区間は、データの最小値を示します。
② 階級数は、ヒストグラムを求める対象となるデータ個数の平方根（小数点以下切り捨て）の値としています。
③ データのレンジを、②で求めた階級数で割り算した値が、階級ごとの間隔となります。
④ 得られた階級を超えるデータが存在する場合は、「次の級」に含まれます。
　また、ヒストグラムの階級数の決定には、**スタージェスの公式**（Starjes' Formula）も有名です。データの範囲（レンジ）をスタージェスの公式で求めた階級数で割り算したものが、データ区間となります。

$$階級数 ≒ 1 + \frac{\log_{10} データの個数}{\log_{10} 2} ≒ 1 + 3.3 \log_{10} データの個数$$

[第❷日] 記述統計学 —事実を把握・訴求するためにデータの特徴を表す方法

③ 表示された「データ分析」ウィンドウから、「ヒストグラム」を選択して、「OK」ボタンをクリックします。

④ 表示された「ヒストグラム」の設定画面で、次のように設定をします。
- 入力範囲（I）：ヒストグラムを作成したい基データの範囲を指定します。ここでは B 列がヒストグラムに反映するためのデータなので、**B1 ～ B37**（データラベルを含む）と範囲選択します。
- データ区間（B）：データの区切り方を指定します。それぞれ区間の上限値が入力されていることを確認し、範囲選択をしましょう。ここでは **D1 ～ D8** セルを範囲指定しています。
- ラベル：データラベルを含めて範囲選択をしている場合は、「**ラベル**」にチェックを入れます。
- 出力オプション：任意の出力先を指定します。
  出力先（O）：同じワークシートで出力を開始したいセル 1 か所を指定します。
  新規ワークシート（P）：新しいワークシートを自動的に生成し、左上（A1 セル）から出力を開始します。
  新規ブック（W）：新しいファイルを自動的に生成し、左上（A1 セル）から出力を開始します。
- グラフ作成（C）：ヒストグラムを作成するので、「**グラフ作成**」にチェックを入れます。

設定がすんだら、「OK」ボタンをクリックします。

2.2 データの内容を1つの数字で表す 〜基本統計量

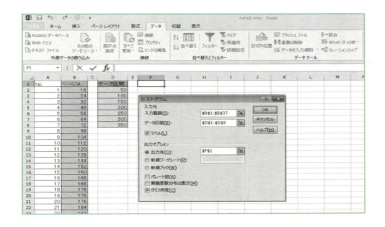

出力直後は、次のような状態になっています。

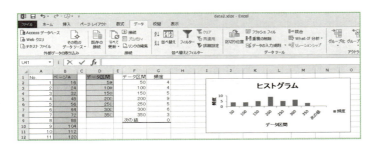

この出力状態から、ヒストグラムについて、最低でも次の点を修正します。

(1) 凡例の削除
(2) 棒の間隔を詰める
(3) 「次の級」を反映させないようにする

凡例は初期値では必ず表示されますが、グラフでは1項目のみの出力しかされていないので、凡例は不要です。**凡例部分を選択して、[Delete] キーで削除しましょう。**

棒の間隔を詰める方法は、**まず棒の部分で右クリックをして表示されるメニューから、「データ系列の書式設定（F）」を選択します。**

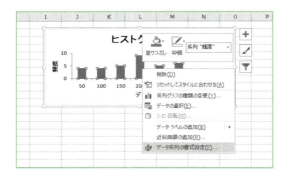

表示された「データ系列の書式設定」画面で、「要素の間隔（W）」のスライダーを左側に動かすか、数値を「0％」に変更します。

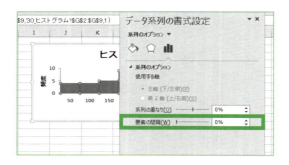

「次の級」は、「データ区間」で設定した階級からあふれたデータの件数がここに反映されます。しかし、手順①（p.67）で説明したように、「データ区間」の指定はデータの最大値よりも大きな値にするので、そもそも、「次の級」という階級は不要にすることが望ましいです。

「次の級」をヒストグラムに反映させないようにするには、**ヒストグラム（グラフ）を選択した状態で、参照元のセルから、「次の級」をマウスのドラッグによって反映の対象から外します。**

2.2 データの内容を1つの数字で表す 〜基本統計量

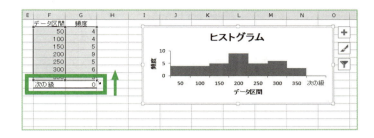

ヒストグラムが完成しました。

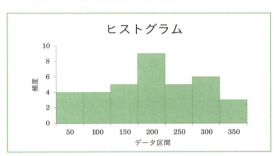

🌱 ピボットテーブル機能でヒストグラムを作る

　ページA・ページBについて、**ピボットテーブル機能**を使ってヒストグラムを作成してみましょう。ピボットテーブル機能は、基データの構造を一切変えずに、単純集計・クロス集計を行うことなどに役立ちます。

【手順のまとめ】
① ピボットテーブル機能で、アクセス件数の単純集計表を作成する
② アクセス件数を50件ごとにグループ化する
③ グラフを描く

【ピボットテーブル機能の構造】
　ピボットテーブルは、おおよそ次のような構造になっています。
　「行」や「列」に集計したい項目を配置し、その内容を「Σ値(しぐまち)」という領域に配置します。
　「フィルター」の部分に項目を配置すると、項目の一部を、集計結果に反映させることができます。

フィルター		
		列
行		Σ値 (集計結果)

　ここでは、データの値の出現回数について、ピボットテーブル機能を使って単純集計を行います。

① まずピボットテーブルを作成します。**ピボットテーブルを作成するための表の中で、任意のセルを選択した状態で、「挿入」タブの「ピボットテーブル」を選択します。**

② 「ピボットテーブルの作成」ウィンドウが表示されるので、「テーブルまたは範囲を選択（S）」の「テーブル範囲（T）」で、表全体が正しく範囲選択されていることを確認しましょう。
もし正しく範囲選択されていない場合は、手作業で範囲選択をします。
　ここでは新たにワークシートを自動的に追加して単純集計表を出力するので、**「ピボットテーブル レポートを配置する場所を選択してください。」では、「新規ワークシート（N）」を選択し、「OK」ボタンをクリックします。**

2.2 データの内容を1つの数字で表す 〜基本統計量

③ 下図のように、新しいワークシートが自動的に作られ、集計表の器ができあがりました。

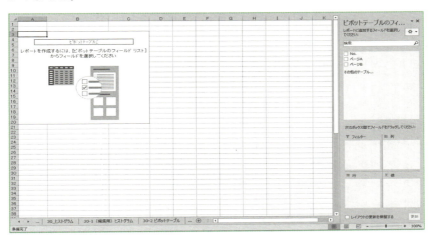

④ 右側の「ピボットテーブルのフィールド」は初期状態では、画面の右端の部分に縦長の状態で吸着されています。

「ピボットテーブル フィールド」と書かれたところでマウスのドラッグ操作を行うと、「ピボットテーブル フィールド」を移動させることができます。

ここではページAのアクセス件数について、単純集計表を作成します。

「ピボットテーブル フィールドのリスト」から「ページA」を「行」の欄と「Σ値」の欄のそれぞれに向けて、マウスでドラッグしましょう。

フィルター：空欄
列：空欄
行：「ページA」
Σ値：「ページA」

⑤ なお、この図のように、「Σ値」のところで「合計」のように「データの個数」以外の基準が表示されている場合は、**「合計 / ページA」と表示されている部分でクリックをし、「値フィールドの設定（N）」を選択します。**

⑥ 「値フィールドの設定」画面で、「集計方法」タブの「値フィールドの集計 (S)」の部分で、「データの個数」を選択して、「OK」ボタンをクリックします。

⑦ ここで、アクセス件数を 50 件ごとに集計したいので、**ピボットテーブルの集計結果から、アクセス件数が表示されている列（A 列）の部分を右クリックして、表示されたメニューから、「グループ化 (G)」を選択します。**

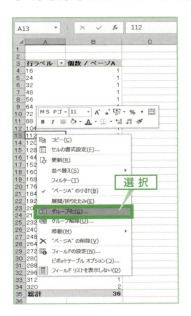

⑧ 表示された「グループ化」画面で、初期値から次のように変更して、設定がすんだら「OK」ボタンをクリックします。

考え方としては、「1〜50件／日」、「51件〜100件／日」と集計します。

先頭の値（S）： 1
末尾の値（E）： 350
単位（B）： 50

⑨ 次のようにアクセス件数50件ごとの集計結果が表示されました。ここからグラフを表示させます。

　ピボットテーブルの集計結果の部分を選択した状態で表示される「ピボットテーブル ツール」メニューから、「分析」タブの「ツール」グループから、「ピボットグラフ」を選択します。

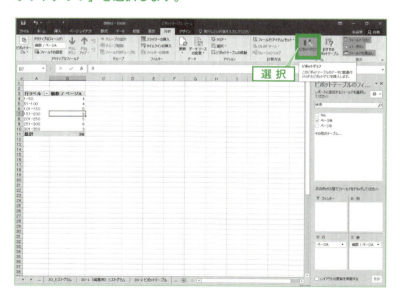

⑩ 表示された「グラフの挿入」画面から、今回はヒストグラムを作成するので、棒グラフを作ります。

グラフの種類は「縦棒」を選び、上右側に表示される周囲は、一番左の「集合縦棒」を選択して、「OK」ボタンをクリックします。

⑪ **表示されたグラフから凡例を[Delete]キーで削除し、棒の間隔を詰めましょう**[25]。

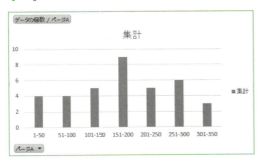

---

25 凡例の削除・棒の間隔を詰める：p.69 〜 70 参照。
なお、自動的に表示されたグラフのタイトルを削除して、グラフエリア（外側）の枠線を追加しています。

⑫　ピボットテーブル機能でも、ヒストグラムを完成することができました。

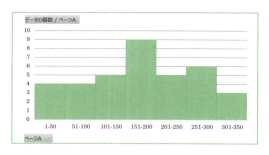

2.2.4　基本統計量一式を求める 〜それぞれの関数

　ここでは、平均値や標準偏差などの値を Excel で求める方法について説明します。基本的には求めたいデータの範囲を指定するだけなので、どの関数も操作方法としてはほぼ同じです。

　下図では、Web アクセス件数のページ A とページ B について、単純平均値・幾何平均値・調和平均値・中央値・最頻値・最大値・最小値・標準偏差を求めています。

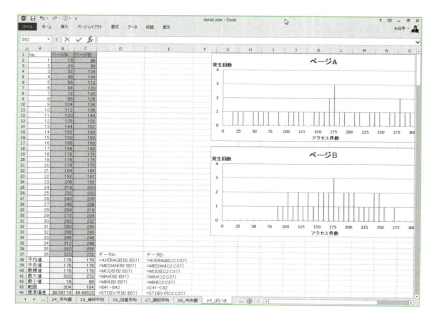

2.2 データの内容を1つの数字で表す 〜基本統計量

ページAについて **AVERAGE 関数**で単純平均値を求める場合、範囲指定は、次のように行います。

単純平均は **AVERAGE 関数**、中央値は **MEDIAN 関数**、最大値は **MAX 関数**、最小値は **MIN 関数**で求めることができます。標準偏差は、ここでは不偏標準偏差を **STDEV.S 関数**（Excel 2007 までは **STDEV 関数**）で求めています。標本標準偏差は **STDEV.P 関数**（Excel 2007 までは **STDEVP 関数**）で求めます。

1つの最頻値を求める場合は、**MODE.SNGL 関数**（Excel 2007 までは **MODE 関数**）、2つ以上の最頻値を求める場合は、**MODE.MULT 関数**を使うことができます（Excel 2007 まではこれに相当する関数はありません）。なお、データに2つ以上の最頻値が含まれていても、MODE.SNGL 関数（Excel 2007 までは MODE 関数）では最初に現れる最頻値1つしか出力されません。

MODE.MULT 関数は次の手順で求めます。

① **あらかじめ最頻値を出力させたい複数のセルを範囲選択します。**

② **範囲選択した状態で、そのうちの1つのセルに次のように、関数を入力します。**

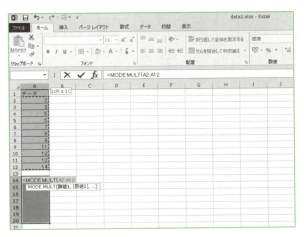

[第❷日] 記述統計学 ─事実を把握・訴求するためにデータの特徴を表す方法

範囲選択がすんだら、[Ctrl] キーを押しながら、[Alt] キーと [Enter] キーを同時に押します。

数式バーでは、次のように表示されます[26]。

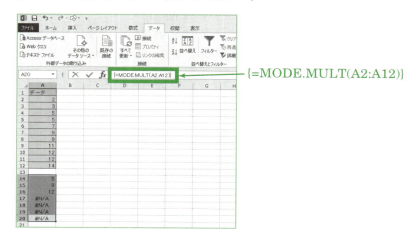

【注意点】

特に、次の (2) と (3) の理由から、前述したとおり最頻値は Excel の関数で求めるよりも、ピボットテーブル機能などで求める方が現実的です。

(1) あらかじめ確保した出力用セルの個数よりも、存在する最頻値の個数の法が少ない場合、余ったセルには、**#N/A エラー**が表示されます。

(2) あらかじめ確保した出力用セルの個数よりも、存在する最頻値の個数の方が多い場合、あふれた分の出力はされません。

(3) すべての数値が同じ回数現れている場合、最頻値は「なし」と定義しているのですが、Excel の MODE.MULT 関数では、すべての数値を表示してしまいます。

---

[26] 手入力で { } このカッコを入力しても、正しく表示されません。

2.2.5　データ分析ツールの基本統計量

Excel のデータ分析では、基本統計量をまとめて求める機能があります。これまでに説明しなかったものも含めて、ここで簡単に触れておきます。

① **「データ」タブの「分析」グループから「データ分析」メニューを選択し、表示された「データ分析」ウィンドウから、「基本統計量」を選択して、「OK」ボタンをクリックします。**

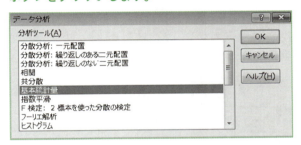

② **表示された設定画面から、ここでは次のように設定します。**
- 入力範囲（I）：基本統計量の一式を表示させたデータの範囲を選択します。複数の変数を選択できます。
- データ方向：上の行を先頭に、上から下方向に配置されているデータが列方向（C）、左の列を先頭に、左からから右方向に配置されているデータが行方向（R）です。一般には、列方向とします。
- 先頭行をラベルとして使用（L）：「入力範囲（I）」で範囲選択した中で、先頭にデータラベルを含んでいる場合は、チェックを入れます。
- 出力オプション：任意の出力先を指定します（p.68 参照）。
- 統計情報（S）：ここにチェックを入れると、基本統計量一式が表示されます。

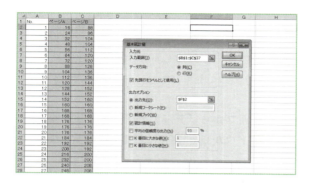

設定がすみ「OK」ボタンをクリックすると、ページAとページBの基本統計量（一式）が、次のように表示されました。

ページA		ページB	
平均	176	平均	176
標準誤差	15.14208	標準誤差	8.366221
中央値（メジアン）	176	中央値（メジアン）	176
最頻値（モード）	176	最頻値（モード）	176
標準偏差	90.85247	標準偏差	50.19732
分散	8254.171	分散	2519.771
尖度	-1.03892	尖度	-0.93979
歪度	-0.09096	歪度	0.061718
範囲	304	範囲	184
最小	16	最小	88
最大	320	最大	272
合計	6336	合計	6336
標本数	36	標本数	36

これまでに説明しなかったものも併せて表示していますが、これらについては、巻末の付録で解説します。

🌱 パーセンタイル・四分位数

これまでに触れておらず、また分析ツールの基本統計量の機能でも表示されなかったものの、統計学でよく使われる指標があり、中央値のようなデータの大きさの順序に大きく関連しています。

データを昇順に並べ替えて、最小値から数えたときの順番が、何パーセント目に位置しているのかを表すのが**パーセンタイル**（Percentile）です。**百分位数**とも呼びます。

最小値は **0 パーセンタイル**、中央値が **50 パーセンタイル**、最大値が **100 パーセンタイル**と表します。

また、データ全体のうち[27]、25パーセンタイルに相当する値を**第一四分位数**、50パーセンタイル、つまり中央値に相当する値を**第二四分位数**、75パーセンタイルに相当する値を**第三四分位数**、最大値を**第四四分位数**とも表します。そしてこれらを総称して、**四分位数**（Quartile）と呼びます。

そして、ばらつき具合を探る方法の1つとして、第三四分位数から第一四分位数の引き算して求めた差を**四分位範囲**（Interquartile Range）と呼びます。

Excelでパーセンタイルを求めるには、**PERCENTILE.INC 関数**（Excel 2007までは **PERCENTILE 関数**）を使います。

データAの25パーセンタイルは、次のように関数を入力することで、110と求めることができます。データBは136と求められます。

0.25の代わりに、25％（0.25）と入力するか、25％や0.25と入力したセルを指定することもできます。

---

[27] **第一四分位数・第三四分位数**：25パーセンタイルと75パーセンタイルをそれぞれ当てはめる方法以外にも、中央値を境に上側の半分と下側の半分に分けて、それぞれの中央値を第一四分位数、第三四分位数とする方法もあります。

四分位数は、**QUARTILE.INC** 関数（Excel 2007 までは **QUARTILE** 関数）を使って、次のように求めます。

```
=QUARTILE.INC ( $B$2:$B$37 , 0 )
```
QUARTILE.INC 関数　データの範囲　0〜4 の整数

最後の 0 〜 4 の整数は、次のように指定します。
0：最小値を求める場合
1：第一四分位数（25 パーセンタイル）を求める場合
2：第二四分位数（50 パーセンタイル＝中央値）を求める場合
3：第三四分位数（75 パーセンタイル）を求める場合
4：第四四分位数（100 パーセンタイル＝最大値）を求める場合

```
=PERCENTILE.INC ( $B$2:$B$37 , 25% )
```
PERCENTILE 関数　データの範囲　パーセンタイルの値

PERCENTILE 関数で最後のパーセンタイルの値は、0％から100％の値、0〜1の値、またはこの値が入力されているセルを指定します。

🌱 データの標準化・偏差値

変数間で単位の異なるデータがあるとき、単位を揃えて分析をするため、平均値を 0、標準偏差を 1 となるデータに変換することをデータの**標準化**（Standardization、Normalization）または**基準化**と呼びます。

標準化は、次の式で行います。

$$\frac{データの値 - 単純平均値}{標準偏差}$$

Excel では **STANDARDIZE** 関数で求めることができます。

```
=STANDARDIZE（データの値 , 平均値 , 標準偏差）
```

ページAとページBのデータについて標準化をすると、下図のようになります。

	A	B	C	D	E	F	G
1	No	ページA	ページB		標準化A	標準化B	
2	1	16	88		-1.78608	-1.77795	
3	2	24	96		-1.69677	-1.61632	
4	3	32	104		-1.60747	-1.45469	
5	4	48	104		-1.42886	-1.45469	
6	5	56	112		-1.33956	-1.29305	
7	6	64	120		-1.25025	-1.13142	
8	7	72	120		-1.16095	-1.13142	
9	8	88	128		-0.98234	-0.96979	
10	9	104	136		-0.80374	-0.80816	
11	10	112	136		-0.71443	-0.80816	
12	11	120	144		-0.62513	-0.64653	
13	12	128	152		-0.53582	-0.4849	
14	13	144	152		-0.35722	-0.4849	
15	14	152	160		-0.26791	-0.32326	
16	15	160	160		-0.17861	-0.32326	
17	16	168	168		-0.0893	-0.16163	
18	17	168	168		-0.0893	-0.16163	
19	18	176	176		0	0	
20	19	176	176		0	0	
21	20	176	176		0	0	
22	21	184	184		0.089304	0.161632	
23	22	192	192		0.178608	0.323263	
24	23	208	192		0.357216	0.323263	
25	24	216	200		0.44652	0.484895	
26	25	232	200		0.625127	0.484895	
27	26	240	208		0.714431	0.646527	
28	27	248	208		0.803735	0.646527	
29	28	264	216		0.982343	0.808159	
30	29	272	224		1.071647	0.96979	
31	30	280	232		1.160951	1.131422	
32	31	280	240		1.160951	1.293054	
33	32	288	240		1.250255	1.293054	
34	33	296	248		1.339559	1.454686	
35	34	312	248		1.518166	1.454686	
36	35	320	256		1.60747	1.616317	
37	36	320	272		1.60747	1.938581	
38	平均	176	176				
39	標準偏差	89.58174	49.49523				

データの標準化は、平均値を 0、標準偏差を 1 となるデータに変換するものですが、**偏差値**(へんさち)は平均値を 50、標準偏差を 10 となるデータに変換するものです。

$$偏差値 = 50 + \frac{データの値 - 単純平均値}{標準偏差} \times 10$$

🌱 箱ひげ図を描く（Excel 2016 から）

データのばらつき具合を、四分位数や外れ値の有無を基に表すグラフを**箱ひげ図**(はこずひげず)（Boxplot）と呼びます。Excel のグラフ機能を使って、箱ひげ図を作ることができます。

ここでは右図のように、「data_a」、「data_b」、「data_c」の 3 つの項目について箱ひげ図を作成する方法について説明します。

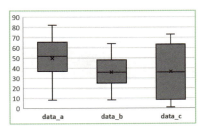

① 箱ひげ図を作りたいデータを用意します。

箱ひげ図は横軸の項目名にあたる部分と、箱ひげ図に反映させる値と2列のデータを用意します。

箱ひげ図作成用データのうち、横軸の項目名の部分に配置させる内容を、「data_a」、「data_b」、「data_c」のように、1列に入力します。

箱ひげ図に反映させたい値は右側の列に配置します。

② 表の準備ができたら、p.48「2.1.4 Excelでグラフを描く一般的な操作」と同様、グラフを描くための表全体を範囲選択し、「挿入」タブの「グラフ」グループから、右下の マークをクリックして、「すべてのグラフを表示」を選択します。

③ 表示された「グラフの挿入」ウィンドウの「すべてのグラフ」タブの画面から、左側のグラフの一覧から、「箱ひげ図」をクリックして選択します。

④ 「OK」ボタンをクリックすると、箱ひげ図が表示されます。

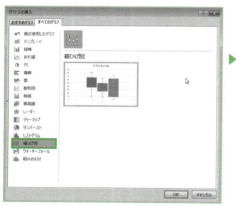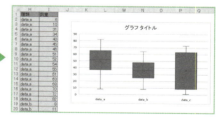

2.2 データの内容を1つの数字で表す 〜基本統計量

また、Microsoft365（有料のサブスクリプション版）など、バージョンによっては「挿入」タブの「グラフ」グループから「統計グラフの挿入」メニューがあるので、そこから「箱ひげ図」をクリックして選択することもできます。

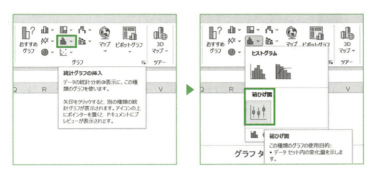

他のグラフの種類と同様に、範囲選択した基データの順番の通り、左から配置されます。このデータの場合は、「data_a」、「data_b」、「data_c」の順に箱ひげ図が表示されています。

箱ひげ図の詳細は、下図のとおりです。

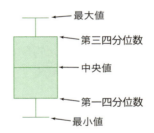

ただし、後述する「特異ポイント（外れ値）」となるデータが存在する場合は、上図の最小値・最大値はそれぞれ次の値に置き換えられます。

最小値 → 第一四分位数 − 四分位範囲 × 1.5
最大値 → 第三四分位数 ＋ 四分位範囲 × 1.5

この箱ひげ図の細部を設定するには、**設定したい箱の部分で右クリックして、表示された「データ系列の書式設定（F）」を選択します。**

[第❷日] 記述統計学 ―事実を把握・訴求するためにデータの特徴を表す方法

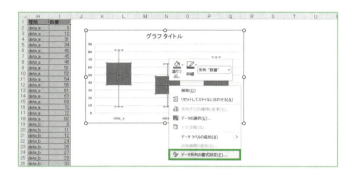

　表示された「データ系列の書式設定」について、特に操作の効果が高い設定について説明します。

- **要素の間隔（W）**：スライダーを右側に移動させるか数値を大きくすると、グラフの中で棒の占める幅が縮まります。初期値は 100 です。
- **内側のポイントを表示する（N）**：チェックを入れると、箱ひげ図にデータの位置を表示させます。なお次の「特異ポイントを表示する」の「特異ポイント」に該当する値は含まれません。
- **特異ポイントを表示する（O）**：特異ポイントは、本来統計学では、特異点と呼び、外れ値と同様の意味で使われています。この箱ひげ図の機能では、次の範囲の外側にある値を、外れ値と定義しています。ここにチェックを入れると、その外側の値の位置を表示させます。

第三四分位数＋四分位範囲×1.5 ～ 第一四分位数－四分位範囲×1.5

- **平均マーカーを表示する（M）**：チェックを入れると、データの単純平均値に相当する位置に、マーカーを表示します。
- **四分位数計算**：QUARTILE.INC 関数と同じ方法で四分位数の位置を表示させるときは、「包括的な中央値（I）」を選びます。次の COLUMN で説明する QUARTILE.EXC 関数と同じ方法で四分位数の位置を表示させるときは、「排他的な中央値（E）」を選びます。

COLUMN …… よくある質問 Q&A

PERCENTILE.INC 関数でパーセンタイルを求める方法を教えてください

次の計算により、求めたいパーセンタイルがデータを昇順に並べたとき何番目にあたるのかを求めます。

　　　（データの個数－1）×求めたいパーセンタイル＋1

たとえば、p.86 の「data_a」について、10 パーセンタイルを求める場合だと、データの個数は 17 個なので、(17－1)×10%＋1＝2.6 番目と求めることができます。「2.6 番目」という順序について、2 番目と 3 番目の中間ということで、2 番目のデータの「10」、3 番目のデータの「31」に注目します。

そして、端数の「0.6」を利用して、「data_a」の 10 パーセンタイルを求めます。

　　　10 パーセンタイル＝2 番目のデータ
　　　　　　　　　＋（3 番目のデータ－2 番目のデータ）×小数点以下の端数

つまり、PERCENTILE.INC 関数（PERCENTILE 関数）でデータ A の 10 パーセンタイルは、10＋(31－10)×0.6＝22.6 と求めています。

PERCENTILE.EXC 関数・QUARTILE.EXC 関数は、Excel 2010 から新たに登場した関数で、Excel 2007 まででこれらの関数に対応する関数はありません。

PERCENTILE.EXC 関数でパーセンタイルを求める場合、SPSS などの統計解析ソフトを含め通例では、0 パーセンタイルや 100 パーセンタイルは存在しないようにしています（R や S-PLUS では最小値を 0 パーセンタイル、最大値を 100 パーセンタイルとしています）。

なお、PERCENTILE.EXC 関数でも中央値が 50 パーセンタイルです。

PERCENTILE.EXC 関数では、次のようにパーセンタイルを求めています。

　　　（データの個数＋1）×求めたいパーセンタイル

「data_a」について 10 パーセンタイルを求めるには、data_a のデータの個数は 17 個なので、(17＋1)×10%で 1.8 番目と求まります。

「1.8 番目」という順序について、1 番目と 2 番目の中間ということで、1 番目のデータの「8」、2 番目のデータの「10」に注目します。そして、小数点以下の端数の 0.8 を利用して、「data_a」のパーセンタイルを求めます。

1 番目のデータ＋（2 番目のデータ－1 番目のデータ）×小数点以下の端数

つまり、PERCENTILE.EXC 関数で data_a の 10 パーセンタイルは、8＋(10－8)×0.8＝9.6 と求めることができます。

これに関連して、PERCENTILE.EXC 関数をベースに、最小値のパーセンタイルは 1÷(データ個数＋1)、最大値のパーセンタイルはデータ個数÷(データ個数＋1) で求めています。この方法で、「data_a」の最小値 (8) と最大値 (82) のパーセンタイルを求めると、最小値は 0.056 パーセンタイル、最大値は 94.4 パーセンタイルと求めることができます。

　PERCENTILE.EXC 関数では、最小値のパーセンタイルや、最大値のパーセンタイルを超える値を指定すると、#NUM! エラーになります。

　QUARTILE.EXC 関数の指定方法は、QUARTILE.EXC（データの範囲,1 または 2 または 3）と指定します。

　1 または 2 または 3 のうち、1 は PERCENTILE.EXC 関数における 25 パーセンタイル、2 は中央値 (50 パーセンタイル)、3 は PERCENTILE.EXC 関数における 75 パーセンタイルを表示します。

　1、2 または 3 以外の値を指定すると、#NUM エラーになります。

　箱ひげ図の「データ系列の書式設定」で、「排他的な中央値（E）」を指定すると、QUARTILE.EXC 関数や PERCENTILE.EXC 関数を利用した第一四分位数（25 パーセンタイル）、第三四分位数（75 パーセンタイル）を表示します。

第 2 日のまとめ

　第 2 日では、手元にあるデータの特徴をグラフで表したり、平均値などに代表される基本統計量で表す方法について説明しました。

　特にここで注意したい点は、次のとおりです。

（1）最も伝えたいことをグラフに込めること
（2）用途に応じてグラフの種類を使い分けること
（3）平均値はデータの分布によって必ずしも多勢や中間の値を示すものではないこと
（4）データのばらつきや分布具合にも注目すること

次の第 3 日では、手元にある限られたデータから、本来探りたい集団全体の傾向を探るための説明をします。特に、統計学では切っても切り離せない検定について触れることにします。

　統計学の教科書的な本では通過儀礼みたいなものですが、実務で統計学と付き合っていく際の心構えもご理解ください。

[第❸日]

推測統計学

仮説を検定・母集団を推定する

統計学のメインテーマは、一部のデータの結果を基に全体を推定する推測統計学にあると言っても過言ではありません。
推測統計学は、標本を表す性質、つまり得られたデータを基に、母集団の性質を探ることにあります。

3.1 推測統計学の目的

🌱 まずは「確率」について確認

日常でも、「天気予報の降水確率は…」、「サイコロの6の目が出る確率は…」など、様々な場面で「確率」という言葉が出てきます。そのため、なんとなく「確率」をわかった気になってしまいますが、その定義についてしっかり理解することが大切です。

たとえば、天気予報で「〇〇県の降水確率30％」[1]とある場合は、「神奈川県内のすべての観測地点で、降雨について100回の観測をするうち、平均して30回は1mm以上の雨が降る」ことを意味しています。雨の強さや時間は、直接的には関係ありません。このため、降水確率が70％や80％でも「な〜んだ。雨、降らなかったな」と終わることもあれば、「降水確率10％って出てたのに、大雨じゃないか」ということもあるのです。

また、「50％の確率」といった場合に、「2回に1回の確率だ」という考え方はよいのですが、「2回のうち必ず1回起こるのだ」と考えるのは禁物です。

そして、同じ50％の確率でも、「2回のうちの1回」と「1,000回のうちの500回」では意味が大きく違ってきます。こうした考え方が、この章で説明する検定の理解にもつながってきます。

🌱 一部のデータを使って調査をする〜標本調査

第1日のp.6でも触れましたが、本来知りたい対象となる集団全体のことを**母集団**と呼び、そこから実際に調査をするために抽出する対象となる集団のことを**標本**と呼びます。そして、調査のために標本を抽出することを**サンプリング**または**標本抽出**（Sampling）と呼びます。

このときに母集団からなるべく偏りなく抽出するために、標本が母集団の特性に近い状態になるようランダムに抽出することを、**ランダムサンプリング**や**無作為抽出**（Ramdom Sampling）と呼びます。

標本調査とは、母集団から抽出した標本を調査し、そこから母集団の性質を

---

[1] 降水確率は、四捨五入して0％〜100％の11段階で発表されます。

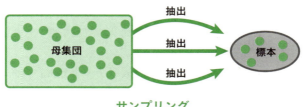

サンプリング

統計学的に推定する方法です。

また、これに対して母集団をもれなく調査することを**全数調査**(ぜんすうちょうさ)(Census)と呼びます。2015 年に**国勢調査**(こくせいちょうさ)[2]が行われましたが、これは日本に居住するすべての人が対象になる全数調査です。

テレビの視聴率調査で理解する標本調査

たとえば、テレビの視聴率を調査する場合、関東在住のすべての世帯について、いつ、どの番組を観たのかを調査したいところです。しかし、関東地方には約 1,800 万世帯もあり、全数調査は物理的に不可能です。

そのため、視聴率調査の方法として、ビデオリサーチ社では関東地方では 600 世帯を対象に調査を行い、その調査結果を 1,800 万世帯の結果とみなそうとしています。この場合、1,800 万世帯という集団が母集団、実際に調査をする世帯が標本、そして 600(世帯)がサンプルサイズです。

参考:Excel のデータ分析ツール「サンプリング」で抽出するデータ番号を選ぶ

ここでは、ランダムサンプリングに役立つ Excel のデータ分析ツール「サンプリング」の機能について、第 1 日 p.29 で採り上げた顧客データを使って説明します。

データ分析ツールの「サンプリング」は、任意のコードをそのまま抽出することはできません。数値のみが有効なので、たとえば顧客コードが「CD10001」のように接頭辞として「CD」が付いている場合は、この文字列を取り除く必要があります。

---

[2] **国勢調査**:人口・世帯・就業状況(職業)などの実態を明らかにするために、5 年に 1 度実施される調査です。日本国内に居住するすべての人が対象となります。住民票記載住所と異なるところに居住していても、この調査により、産業別人口、昼間人口、高齢者のいる世帯などの実態が把握できます。また、選挙区の区割りや、地方交付税の算定などにも利用されます。

さらに、重複のない数値のみにしてから、その数値に対して抽出を行います。

データの行数、つまりデータにある顧客の人数は 3,727 人です。ここから 100 人をランダムに抽出してみます。

① **「データ」タブの「分析」グループから、「データ分析」のメニューを選択します。**

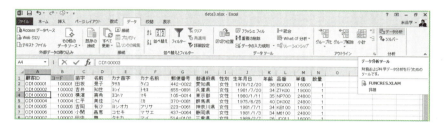

② **表示された「分析ツール」メニューから、「サンプリング」を選択して、「OK」ボタンをクリックします。**

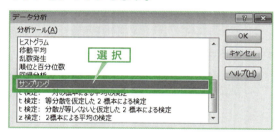

③ **表示された「サンプリング」設定画面から、次のように設定します。**

- 入力範囲（I）：抽出する元の番号が入力された範囲を選択します。ここでは **B1 〜 B3728** セルを指定しています。
- 標本の採取方法：標本の採取方法は「**ランダム（R）**」とし、標本数に抽出する個数である「**100**」を入力します。
- 出力オプション：出力先は、「出力先（O）」「新規ワークシート（P）」「新規ブック（W）」のうちいずれかを選択します（p.68 参照）。ここでは「**新規ワークシート（P）**」を選択します。

設定がすんだら、「OK」ボタンをクリックします。

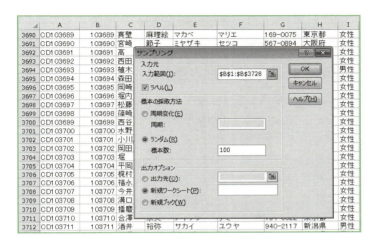

次のように出力されました。なお、Excel の内部でランダムに番号を抽出する処理をしているため、本書の表示と、読者の皆さんが試した結果とでは異なることがあります。

［第❸日］推測統計学 —仮説を検定・母集団を推定する

ここから必要に応じて、第1日p.31で説明したVLOOKUP関数で、他の項目（変数）と紐付けしましょう。

🌱 推測統計学の目的の1つは、母集団の推定

統計学を応用するときの心構えとして重要なのは、「100％正確な値を知ることは絶対にできない」ということです。100％正確な値を知ることができるのは、全数調査を行い、すべてのデータが得られたときの場合に限られます。

しかし、100％を知ることが不可能ならば、せめて90％、いや80％でもよいので、より正確な値を知りたいものです。

そこで、標本調査に関連して、1つの例を使って説明しましょう。

埼玉県民の全員を対象[3]に、1日当たりのミネラルウォーターの消費量を調査したいとき、埼玉県民から一部の人数を抽出して、そこから得られた結果を埼玉県民全体の結果とみなします。

埼玉県の人口は約720万人、サンプルサイズは、ここでは1,000人とします。そして、ペットボトルの消費量は、1日平均1.8本とします。

この標本の結果から、母集団ではどの程度消費されているのかを考えます。これが母集団の**推定**です。

---

[3] 正しくは、ある時点で集計された埼玉県民の人数だけでなく、何らかの事情でカウントされなかった人数、また将来埼玉県に転入する人数といった、物理的に数えるのが不可能な人数も含んでいます。

3.1 推測統計学の目的

統計学で母集団を推定するときの考え方は、次のようになります。

① そもそも約 720 万人の埼玉県民全員の傾向を探ることはできません。
② そのため、約 720 万人の埼玉県民から、1,000 人ずつ 100 回抽出して調査するとします[4]。
③ 標本の 1 日あたりの平均消費量から、幅を持たせて推定すると考えます。これを**区間推定**（Interval Estimate）と呼びます。また、標本から母集団の特徴・傾向を表す値を総称して、統計学では**母数**[5]（Parameter）と呼びます。
④ 中でも、標本の平均値を基に母集団の平均値を推定したものは、**母平均**（Population Mean）と呼んでいます。母集団の推定には、母平均の他にも**母分散**（Population Variance）などがあります。
⑤ このとき、あらかじめ母集団の推定の信頼度合いを定めておきます。母集団から 1,000 人の標本を 100 回抽出するうち、一定の範囲に何回当てはまるのかを決めるのが信頼度合いで、統計学ではこの一定の範囲のことを**信頼区間**（Confidence Interval）と呼びます。

そして信頼度合い、すなわち 100 回抽出するうち信頼区間に収まる回数の割合のことを**信頼係数**（Confidence Level）と呼びます。統計学では 95 ％ がよく使われます。

また、これと裏返しの関係にあるのが**有意水準**（Significant Level）です。有意水準については、次節で触れることにします。

⑥ さらに、標本の平均値（ここでは 1.8 本／日）から、母集団では何本から何本の間に真の平均値が含まれているかを考えるのが**区間推定**（Interval Estimate）です。特定の値で推定することは、**点推定**（Point Estimate）と呼びます。
⑦ 実際、母平均の推定は、母集団の分散がわかっている場合とわかっていない場合で求め方が異なり、またサンプルサイズの大きさによっても考え方が変わってきます。

---

[4] 実際に推定する場合は、母集団から 100 回も抽出を行うことはありません。あくまで説明のために、抽出の回数を 100 回としています。
[5] 分母の意味で「母数」という表現は誤りです。「母数」に分母の意味はありません。

3.2 統計的仮説検定
～仮説が正しいのかを統計学的に判断

3.2.1 統計的仮説検定とは

🌱 標本の結果が偶然かどうか

統計的仮説検定(Statistics Hypothesis Test)とは、標本の結果が偶然によるものではなく、母集団でも起こりやすいかどうかを確かめるものです。単に**検定**(Test)と呼ぶこともあります。

検定には、目的に応じてさまざまな種類があります。本書では、その一部を採り上げます。また、散布図(p.44)を描くには関連のある2変数のデータが必要なように、検定には目的に合ったデータを用意する必要があります。

検定の基本的な手順は、次のようになります。

① 母集団を定義する。
② 標本を基に、検定の前提となる**仮説**(Hypothesis)を立てる(仮説を立てるにはルールがあり、その要領はp.100で説明します)。
③ データの型と目的に応じた検定の種類を選ぶ。
⑤ **有意水準**をあらかじめ定める(p.100で説明しますが、5%がよく利用されます)。
⑥ 標本を基に**検定統計量**を求める[6]。
⑦ 検定統計量が後述する**棄却域**(Rejection Region)に入っているかどうかを確認する。

検定統計量を基に、母集団から同じサンプルサイズの標本を100回抽出したとして、このうち有意水準で定めた確率よりも小さい場合が、分布の棄却域に収まり、**有意**である(significant)と表現します。具体的には、事例を通じて説明します。

---

[6] 検定の種類に応じて利用する分布の形があり、検定統計量はその分布の形に応じて、t値、χ^2値などの種類があります。

3.2.2 事例1：ダイエットのビフォー／アフターで意味のある体重の差かどうかを探る 〜平均の差の検定

まず、次のデータを見てください。

No.	ダイエット前	ダイエット後
1	59.1	57.3
2	53.7	53.5
3	50.9	50.7
4	60.6	59.7
5	53.9	53.2
6	55.8	54.1
7	58.3	54.7
8	60.5	58.1
9	56.5	56.3
10	67.4	66.8
平均値	57.67	56.44

　このデータは、同じ人のダイエット前とダイエット後の体重を測定した結果を示しています。このデータから、体重の減少が本当にダイエットによる効果であるのか、統計学的に考えてみます。

　この事例での母集団は、潜在顧客を含めた市場全体の顧客数で、サンプルサイズは10人です。

🌱 検定の種類

　まず、このデータの特徴について考えます。データのNo.1とは1番目の人ということで、同じ行のデータは同じ人のデータを表します。

　このように、同じ人、同じものについて測定したデータは、**対応のあるデータ**あるいは**一対のデータ**と呼びます。たとえば、ダイエット前と後で別な人を調査した場合は、対応があるデータとは扱いません。対応がある（一対のデータである）かどうかによって、検定の種類が変わります。

　このデータからダイエットの効果を探るためには、まずダイエット前とダイエット後の単純平均値をそれぞれ求めます。そして、**平均の差の検定**によって、母集団でも平均値に差があるかどうかを確率的に判断します。

　平均の差の検定は、対応のあるデータの場合と対応のないデータの場合で若干手順が変わりますが、ここでは対応のある場合を説明します。

🌱 検定を行うための仮説を立てる

　検定に付き物なのが、最初に立てる仮説です。ここで検定を行う目的は、差があるということを統計学的に確かめるということです。

　そこで、立てる仮説は、「差がある」としたいところです。しかし「差がある」ことを確かめるのに、何をもって「差がある」と判断するのか、明確に線引きするのは難しいことです。そこで、「差がない」という動かしようのない1個の事象を判断材料に使います。

　上記のような「差がない」という仮説のことを、「差がある」という仮説を無に帰する（差があるということをないものにする）という意味で、統計学では**帰無仮説**（Null Hypothesis）と呼びます。

　さらに、この帰無仮説に対する仮説を**対立仮説**（Alternative Hypothesis）と呼びます。

　この事例では、

- 帰無仮説：ダイエット前の体重とダイエット後の体重には、平均値に差がない
- 対立仮説：ダイエット前の体重とダイエット後の体重には、平均値に差がある

となります。

🌱 あらかじめ有意水準を決める

　統計学では、母集団から抽出した標本の検定統計量が、帰無仮説を否定できる程度に小さな確率な場合、有意であると判断します。これを、本ダイエットの事例に当てはめてみます。

　ダイエット前とダイエット後の体重の単純平均値に差がない、という仮説が帰無仮説です。対立仮説は、ダイエット前とダイエット後の体重の単純平均値に差がある、としています。

　このとき、母集団から抽出したサンプルサイズ10の標本を100回抽出したとして、このうち5回未満（5％未満）の割合で帰無仮説（差がないという仮説）を否定できる[7]確率のことを**有意水準**[8]と呼びます

---

[7] 統計学では、帰無仮説を否定することを「**棄却する**」といいます。
[8] 有意水準を α（ギリシャ語の「アルファ」記号の小文字）で表すことがあります。

有意水準は5%とすることが多いのですが、この数値に特に決まりがあるわけではなく、慣例によるところが大きいです。実際に1%や10%も使われますし、事例に応じてどの程度厳密さを要求するかによって、この数値を決めます。経営やビジネスのデータでは、おおよそ5%や10%が使い勝手が良いでしょう。

なお、「平均値の差」は、本来は正の値にも負の値にもなる可能性があります。下図は、自由度（第2日 p.64 参照）が9のときのt分布です[9]。

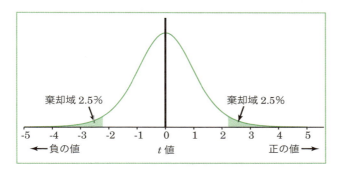

横軸は検定統計量である**t値**を表し、平均の差が負の値になったときは0から左側に位置し、平均の差が正の値になったときは0から右側に位置します。

分布のカーブの内側の面積全体を100%として考え、有意水準5%のとき、左右の両隅からそれぞれ2.5%ずつ、計5%の領域が帰無仮説（差がないという仮説）を否定できる領域を表します。この領域のことを**棄却域**（Rejection Region）と呼びます。有意水準は、棄却域の大きさを表すことになります。

そして棄却域の境界のことを**境界値**（Critical Value）と呼び、t値が境界値よりも大きい場合、一般に検定では**有意である**と表現しますが、差の検定を行う場合は、**有意差がある**と判断します。

帰無仮説はダイエット前後で体重の差がないこと、対立仮説はダイエット前後で差があることでした。有意差があると判断できるとき、統計学では「帰無仮説を棄却し、対立仮説を採択する」と表します。

t値が境界値よりも小さい場合は、有意差があるとは判断できず、統計学では

---

[9] サンプルサイズが10なので、自由度は9となります。自由度の大きさによって分布の形が変わります。自由度は、統計学の本に載っているt分布表などでは、自由度の意味での英語で "Degree of Freedom" の略の「df」と表されることがあります。

「有意差があるとは言えない」[10] と表現します。

また、t 値などの検定統計量に関連して、**P 値**（P-value）という指標があります[11]。統計的仮説検定では、「差がない」という仮説（帰無仮説）が正しいことを前提に、母集団から抽出したいくつもの標本で得られたそれぞれの結果から、「差がない」という仮説を否定できる最小のレベルがどのくらいかによって、統計学的に考えて「差がないという状態は、ほぼ起こらないだろう」と判断します。このときの帰無仮説を否定できる最小のレベルが P 値です。

P 値の特徴は、t 値などの検定統計量が大きいほど P 値は小さくなり、検定統計量が小さいほど P 値は大きくなるという裏返しの関係があると覚えておきましょう。

また、t 値などの検定統計量が同じ値の標本が 2 つある場合、自由度が大きいほど P 値は小さくなるという特徴があります。つまり逆に言うと、有意であると判断できるためには、自由度の小さな標本（サンプルサイズの小さな標本）は、平均値により大きな差が必要になります。自由度の大きな標本（サンプルサイズの大きな標本）は、平均値の差が小さくても、有意になりやすくなる特徴があります。

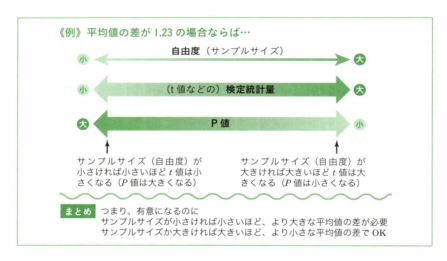

---

10 一般に、「有意差がない」という表現は使いません。「有意差がない」は、まさに差が 0 である状態を指します。そのため、「有意差があるとは言えない」や「有意差が認められない」という表現に留めなければなりません。

11 P 値の「P」は、英語で確率を表す"Probability"の頭文字です。SPSS（正式名称は「IBM SPSS Statistics」、国内の販売元は日本 IBM）などの統計解析用ソフトでは、P 値が 5％未満の場合や 1％未満の場合は、アスタリスク等の記号が分析の出力結果に表示され、有意であることを表すものがあります。

なお、このダイエット効果の事例では、まず体重が増えている可能性を考える必要がありません。平均の差は常に正の値になることから、t 値も常に正の値になり、t 分布上では右半分のどこかに属されます。よって有意水準を 5% とするときは、右端から 5% の面積が、棄却域となります。

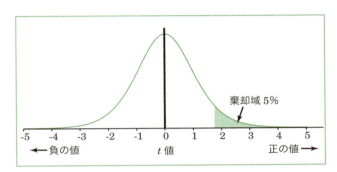

上図のように棄却域を分布の片隅から配置する検定を総称して、**片側検定**（One-sided Test）と呼びます。

有意水準 5% の場合、棄却域の領域が右端から数えて 5% の面積になり、このときの確率（5%）を分布の**上側確率**または**右側確率**と呼んでいます。

逆に、下図のように棄却域が左端から数えて 5% の面積にあたる場合は、**下側確率**または**左側確率**と呼んでいます。

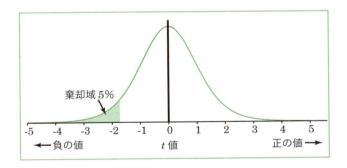

また、検定の種類を問わず、p.101 の図のように、棄却域を分布の両隅に配置する検定を総称して、**両側検定**（Two-sided Test）と呼びます。有意水準 5% の場合は、それぞれの端から数えて 2.5% の面積の領域が棄却域となります。

🟢 検定統計量を求める

　平均値の差は実数を基に求めることができますが、この差が統計学的に有意かどうかを確かめる材料として、検定統計量を求めます。対応のあるデータの平均の差の検定の場合は、t 分布を基にしている（統計学では、**t 分布に従う**と表します）ことから、t 分布の統計量である **t 値**を求めます。

　t 値は次のようにして求めます。

$$t\,値 = \frac{差の単純平均値}{標準誤差} \quad つまり \quad t\,値 = \frac{差の単純平均値}{\sqrt{\dfrac{不偏分散}{サンプルサイズ}}} \quad で求めます\,[12]。$$

　t 値を求める前に、次の情報が必要ですので、整理しておきましょう。

① 　ダイエット前の単純平均値
② 　ダイエット前の偏差（No.1 〜 10 それぞれ「データ−単純平均値」で求める）
③ 　ダイエット後の単純平均値
④ 　ダイエット後の偏差（No.1 〜 10 それぞれ「データ−単純平均値」で求める）
⑤ 　ダイエット前の不偏分散
⑥ 　ダイエット後の不偏分散
⑦ 　自由度（サンプルサイズが 10 なので、自由度は 9）
⑧ 　差の標準誤差（「不偏分散÷サンプルサイズ」の平方根）

　上記の情報から、「差の単純平均値÷標準誤差」で t 値を求めます。計算は、Excel で行います。

🟢 自由度と有意水準を基に境界値を調べる

　t 値が境界値よりも大きければ有意差があると判断します。一般に統計学の本では t 分布表というものが載っており、自由度と P 値から t 分布表で境界値を求めます。しかし、境界値は Excel で簡単に求めることもできるので、本書では、境界値を Excel で求める方法を説明します。

---

[12] **標準誤差**：「不偏分散÷サンプルサイズ」の平方根で求めるほかに、「標本分散÷自由度」の平方根で求める方法があり、どちらでも同じ値となります。

Excelで検定を行うときの流れ

本事例の検定をExcelの関数で行う手順は、以下のようになります。

① 対応のあるデータを用意します。この場合はダイエットの前と後で、同じサンプルサイズを用意します。
② あらかじめ有意水準を決めます（ここでは5%とします）。
③ ダイエット前とダイエット後の体重の差を「ダイエット前－ダイエット後」で求めます。
④ ダイエット前とダイエット後の体重の、それぞれの単純平均値を求めます。ExcelではAVERAGE関数で求めることができます。
⑤ ダイエット前とダイエット後の体重の差について、単純平均値を求めます。ここでは「差の平均値」と呼ぶことにします。
⑥ ダイエット前とダイエット後の差の平均値について、不偏分散を求めます。ExcelではVAR.S関数（Excel 2007まではVAR関数）で求めることができます。
⑦ 差の**標準誤差**（Standard Error）を次の式で求めます。

$$標準誤差 = \sqrt{\frac{差の不偏分散}{サンプルサイズ}}$$

Excelでは、VAR.S関数で求めた不偏分散からサンプルサイズの値で割ります。

⑧ t値を次の式で求めます。

$$t値 = \frac{差の平均値}{差の標準誤差}$$

⑨ t値と自由度を基に、**境界値**を求めます。境界値、つまりt値を基にt分布上の片側確率（値）を求めるには、**T.INV関数**（Excel 2007までは**TINV関数**）を使います。この関数は、t分布上の左側からの棄却域（確率）を求めるのに利用するので、得られる境界値は常に負の値になります。

今回は右側からの棄却域を求めたいので、負の値が出ないようにするため、**絶対値**[13]（Absolute Value）を利用します。絶対値は**ABS関数**で求めます。Excelのワークシートでは、次のように指定しましょう。

	A	B	C	D	E	
1	No.	ダイエット前	ダイエット後	差		
2	1	59.1	57.3	1.8	=B2-C2	
3	2	53.7	53.5	0.2	=B3-C3	
4	3	50.9	50.7	0.2	=B4-C4	
5	4	60.6	59.7	0.9	=B5-C5	
6	5	53.9	53.2	0.7	=B6-C6	③
7	6	55.8	54.1	1.7	=B7-C7	
8	7	58.3	54.7	3.6	=B8-C8	
9	8	60.5	58.1	2.4	=B9-C9	
10	9	56.5	56.3	0.2	=B10-C10	
11	10	67.4	66.8	0.6	=B11-C11	
12						
13	平均値	57.67	56.44	1.23	=AVERAGE(D2:D11)	④、⑤
14						
15	分散	21.5978889	20.2293333	1.277889	=VAR.S(D2:D11)	⑥
16						
17		サンプルサイズ		10	=COUNT(D2:D11)	
18						
19		自由度		9	=D17-1	
20						
21		差の標準誤差		0.357476	=(D15/D17)^(1/2)	⑦
22						
23		t値		3.440793	=D13/D21	⑧
24						
25		p値		0.003691	=T.DIST.RT(D21,D17)	
26						
27		t値の境界値		1.833113	=ABS(T.INV(5%,D17))	⑨

なお、ここではP値も求めています。あらかじめ定めた有意水準を、ここでは5％としました。P値が有意水準として定めた5％未満であれば、有意差があると判断することができます。

t値は3.44、自由度が9のときの境界値は1.83です。境界値よりもt値の方が上回っているので、ダイエット前の体重とダイエット後の体重とでは、平均値に有意差があると判断できます。

また、t値を基に求めるP値は、有意水準よりも小さければ、有意差があると判断することもできます。

---

[13] **絶対値**：値が正ならばそのままの値、負ならばマイナス記号を取り払った値のことを指します。数学では絶対値を｜｜の記号で表します。たとえば、｜−9｜＝9となります。

この事例では t 分布上の右側確率である P 値が 0.0037、つまり 0.37％で有意水準の 5％よりも下回っているので、ここからも有意差があると判断することができます。Excel で t 分布上の確率を求める関数である **T.DIST.RT 関数**を利用します（Excel 2007 までは **TDIST 関数**を利用し、「分布の指定」は「1－片側分布」を指定[14]）。

🌱 Excel のデータ分析ツールで検定を行う

Excel のデータ分析ツールで検定を行う場合は、次のように指定します。

① **「データ」タブの「分析」グループから、「データ分析」メニューを選択します。「t 検定：一対の標本による平均の検定」を指定して、「OK」ボタンをクリックします。**

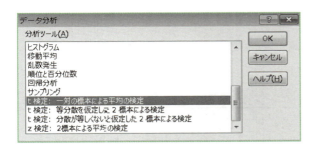

② **表示された「t 検定：一対の標本による平均の検定」画面で、次のように指定します。**

- 入力元

  変数 1 の入力範囲（1）：ダイエット前の数値部分を範囲選択します（ここでは B1～B11 セル）

  変数 2 の入力範囲（2）：ダイエット後の数値部分を範囲選択します（ここでは C1～C11 セル）

- ラベル（L）：データラベルを含めて範囲指定したので、チェックを入れます。

14　t 値を基に、t 分布上の左側確率を求めるには **T.DIST 関数**を利用します。逆に、確率から t 分布上の位置（t 値）を求めるのが **T.INV 関数**です。
　T.DIST 関数によって求めた確率を、T.INV 関数によって元に戻すことができるという関係から、T.INV 関数は T.DIST 関数の逆関数であるとも言えます。

- α（A）：有意水準を 0 や 1 を除く、0 から 1 の範囲で小数点で指定します。
  ここでは有意水準を 5％とするので、0.05 と入力します。

任意の出力先を指定し（p.68 参照）**、「OK」ボタンをクリックします。**

次のように検定の出力結果が表示されました[15]。

t-検定: 一対の標本による平均の検定ツール		
	ダイエット前	ダイエット後
平均	57.67	56.44
分散	21.59788889	20.22933333
観測数	10	10
ピアソン相関	0.969967731	
仮説平均との差異	0	
自由度	9	
t	3.440793146	
P(T<=t) 片側	0.00369063	
t 境界値 片側	1.833112933	
P(T<=t) 両側	0.007381259	
t 境界値 両側	2.262157163	

出力結果のうち注目するのは、「t（値）」と「t 境界値 片側」の欄です。

t 値は 3.44、境界値は 1.833 です。P 値は、「P(T<=t) 片側」の欄に出ている 0.00369063 です。パーセントにすると 0.369％です。

---

[15] **ピアソン相関**：相関係数（正式には「ピアソンの積率相関係数」）のことを指しています。第 4 日で説明します。

データ分析ツールで求める方法も、Excel の関数で求める方法と同じように、有意水準を 5% としたとき、ダイエットの前後で体重の平均値に有意差があると判断できることを理解しましょう。

3.2.3 事例 2：年代別の好みの違いを探る ～独立性の検定

クロス集計表を基に、違いがあるかどうかを統計学的に探る方法を説明します。
次のように、各年代から 200 名ずつアンケートを実施し、年代別の好きな食べ物についてクロス集計を行いました。
クロス集計表の表頭には「好きな食べ物」が 2 列、表側には「年代」が 3 行あるので、このようなクロス集計表を「**3×2 クロス集計表**」と呼びます[16]。

	A	B	C	D
1		海老天	海老フライ	計
2	20代	88	112	200
3	30代	98	102	200
4	40代	119	81	200
5	計	305	295	600

ここでは、調査を実施した回答データを基に、クロス集計表を作成するところから始めます。集計表は、Excel ではピボットテーブル機能で生データの構造を変えることなく集計表を作成することができます。
Excel のピボットテーブル機能で出力する集計表は、次のような形式になっています。

フィルター		
	列	
行	Σ 値 （集計結果）	

行には表側項目、列には表頭項目、そして集計結果が Σ 値の部分に配置されます。
なお、フィルターの部分は、生データの一部を反映させたいときに指定するための領域です。たとえば、データに「年代」、「性別」、「都道府県」などの項目があり、行に「年代」、列に「性別」を配置するとき、フィルタに「都道府県」を

---

[16] 3×2 クロス集計表、3×2 クロス表、3×2 分割表とも呼びます。

配置して、「都道府県」のうち「東京都」を選択すると、東京都内に在住の性別と年代のクロス集計表を出力します。

🌱 ピボットテーブルでクロス集計表を作成する手順

ピボットテーブルでクロス集計表を作成する手順は、以下のとおりです。

① **回答データが記録されている表のうち、任意の1つのセルを選択した状態で、「挿入」タブの「テーブル」グループから「ピボットテーブル」をクリックします。**

「好み」の項目では、「海老天」は1、「海老フライ」は2と入力しています。

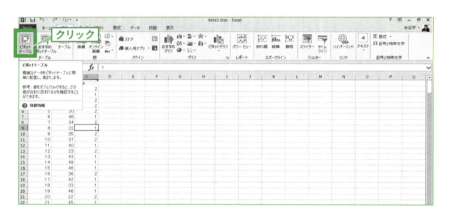

なお、Excel 2007/2010の場合は、**「挿入」タブの「テーブル」グループにある「ピボットテーブル」ボタンの上側をクリックします。**下側をクリックした場合は、さらに表示されたメニューから、**「ピボットテーブル（T）」を選択します。**

② 「ピボットテーブルの作成」ウィンドウが表示されるので、「テーブルまたは範囲を選択（S）」の「テーブル範囲（T）」で、表全体が正しく範囲選択されていることを確認しましょう。

もし、正しく範囲選択されていない場合は、手作業で範囲選択をします。

ここでは新たにワークシートを自動的に追加して単純集計表を出力するので、「ピボットテーブル レポートを配置する場所を選択してください。」では、**「新規ワークシート（N）」を選択し、「OK」ボタンをクリックします。**

3.2 統計的仮説検定～仮説が正しいのかを統計学的に判断

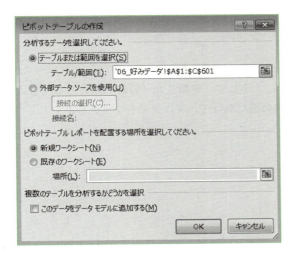

③ 下図のように、新しいワークシートに集計表のベースとなる器にあたる、ピボットテーブルフィールドリストが表示されました。右側の「ピボットテーブルのフィールド」は初期状態では、画面の右端の部分に縦長の状態で吸着されています。

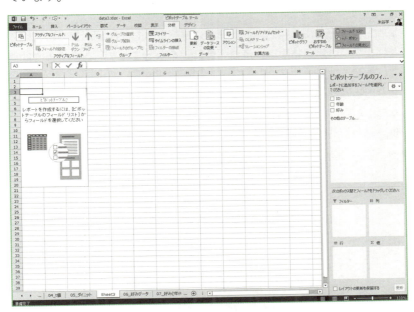

「ピボットテーブル フィールド」と書かれたところでマウスのドラッグ操作を行うと、「ピボットテーブル フィールド」を移動させることができます。

④ **「ピボットテーブル フィールドのリスト」から「年齢」を「行」のスペースに、「好み」を「列」のスペースに、そして「年齢」か「好み」のどちらでもよいのでいずれか1つを「Σ値」の欄に向けて、マウスでドラッグします。**

このとき、表側部分には年齢、表頭部分には好み（1：海老天、2：海老フライ）が配置されますが、集計結果は、値の「合計」を示しており、このままでは集計になっていません。

次の2つの手順によって、正しいクロス集計表を表示させます。

（A）年代は年齢の実数ではなく、20代・30代・40代とグループ化する
（B）集計結果（「Σ値」の部分）は合計値ではなく、データの個数を数えた結果を表示させるように設定する

🌱 年代のグループ化

まず、年代のグループ化について説明します。

ピボットテーブル機能で年齢などの値をそのまま集計すると、年齢別に集計されてしまい、集計表が意味を持ちません。そこで、年齢を10ごとの区切りでグループ化を行います。

① **グループ化したい領域で右クリックをして、表示されたメニューから「グループ化（G）」を選択します。** ここでは表側項目の「年齢」をグループ化したいので、ピボットテーブルの出力がされているA列のうち、任意の1か所を指定します。

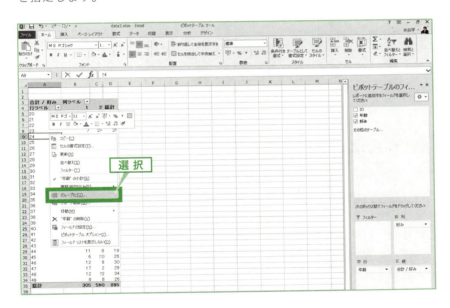

② **表示された「グループ化」の画面で「先頭の値（S）」はグループ化したい範囲の始点にあたる値を手入力し、「末尾の値（E）」はグループ化したい範囲の終点にあたる値を手入力します。**

20～29歳、30～39歳、40～49歳という区切りでグループ化するので、「先頭の値（S）」には20を、「末尾の値（E）」には49を手入力するのですが、この基データでは、年齢の最小値が20、最大値が49なので、初期値の状態で、

それぞれ 20 と 49 が入力され、チェックが入っています。修正が必要な場合は、数値を上書きします（このときチェックが外れます）。

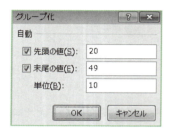

次のように、20〜29歳、30〜39歳、40〜49歳とグループ化されました。

	A	B	C	D
3	合計 / 好み	列ラベル		
4	行ラベル	1	2	総計
5	20-29	88	224	312
6	30-39	98	204	302
7	40-49	119	162	281
8	総計	305	590	895

🌱 集計方法の設定変更

　また、ピボットテーブル機能で作った集計表は、値の合計が反映されています。

　それは「ピボットテーブルのフィールドリスト」の「Σ値」の欄で「合計／好み」となっていることから判断することもできます。

　これでは、1（「海老天が好き」と回答）は回答数を表していますが、2（「海老フライが好き」と回答）は「2×回答人数」が集計表に反映されているので、意味がありません。

　そこで、2（海老フライ）と回答した人数が反映されるよう、Σ値に反映する値を、次のように設定します。なお、すでに「データの個数」が反映されている場合は、設定の必要はありません。

① 「ピボットテーブルのフィールドリスト」の「Σ値」にある「合計／好み」となっている部分を右クリックするか、集計表の値の部分で右クリックをして、表示されるメニューから「値フィールドの設定（N）」を選択します。

3.2 統計的仮説検定〜仮説が正しいのかを統計学的に判断

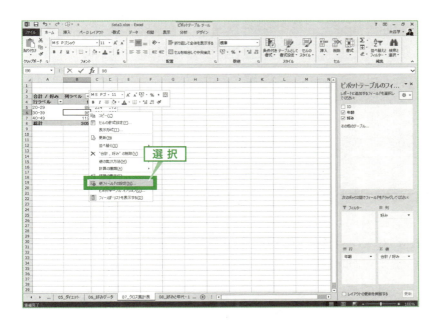

② 表示された「値フィールドの設定」画面で、「集計方法」タブの「データの個数」を選択して、「OK」ボタンをクリックします。

正しく集計結果が表示されました。

	A	B	C	D
1				
2				
3	データの個数 / 好み	列ラベル		
4	行ラベル	1	2	総計
5	20-29	88	112	200
6	30-39	98	102	200
7	40-49	119	81	200
8	総計	305	295	600

クロス集計表で差の検定を行うための準備

ここから年代による食べ物の好みに違いがあるかどうかを探ります。年代と好みの違いについて視覚的に探るため、まずグラフを描きました。

ピボットテーブルの集計表の部分を選択した状態で表示される「ピボットテーブル ツール」メニューから、「分析」タブをクリックして、「ピボットグラフ」のボタンをクリックすると、通常のグラフ作成と同様の方法で、グラフをワークシート上に表示させることができます。

次のグラフは、3-D 縦棒縦棒グラフの例です。

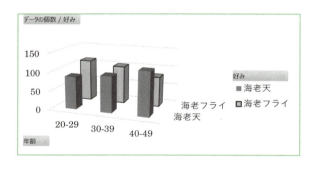

クロス集計の結果から、このように立体のグラフで表す方法を、統計学では**ステレオグラム**（Streogram）と呼んでいます。しかし、第2日でも説明したように、立体のグラフから数値を適切に読み取ることは難しいため、こうした立体のグラフは、全体を俯瞰して把握する程度にとどめ、実際は平面のグラフを利用すると、より意味は伝わりやすいでしょう。

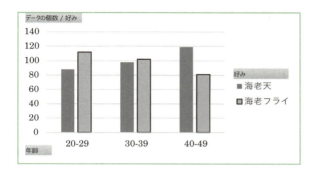

さて、このグラフを見る限り、海老天は高い年代ほど、海老フライは低い年代ほどより人気があることがわかります。

このとき、年代により好みに違いがあるのかどうかは、おおよそ判断できそうですが、またサンプルサイズがあまり大きくない場合は、偶然による結果の可能性もあります。そこで、統計的仮説検定により違いを探ることを**独立性の検定**（Test for Independence）、あるいはこの検定に利用する分布の一種である χ^2 分布という種類の分布を使うことから、**χ^2 検定**とも呼びます。

なお、検定を行うのに、ピボットテーブルで出力したままの状態では作業上支障を来たすので、クロス集計表をコピーし、別のワークシートに「名前をつけて貼り付け」を行っておきましょう。

🌱 独立性の検定を行う手順

独立性の検定は、以下の手順で行います。

① 理論値を求める
② へだたり度を求める
③ 公式を使って違いの有無を判定する

ここで、「理論値」、「へだたり度」など、新たに登場した用語がありますが、それぞれ p.118、119 で説明します。

🌱 必要なデータとデータの型

独立性の検定に必要なデータとデータの型は、次のとおりです。

① クロス集計表であること
② クロス集計表には合計も含めていること
③ **複数回答・多重回答式**(Multiple Answer, MA)ではなく、**単一回答・択一回答式**(Single Answer, SA)であること
④ 各回答数が一定以上の数値で構成されていること [17]

🌱 理論値を求める

理論値(Theoretical Value)とは、何らかの理論・式に基づき得られた値で、その理論が正しいなら結果が合うはずのものです。本事例だと、年代による違いがないと仮定したときの数値を指します。理論値と実際のアンケート結果との間に差がなければ、「年代による違いはない」と判断します。

まず、「20代」の「海老天が好き」について考えてみます。アンケートの回答総数が600人、このうち20代の回答者が200人、そして海老天が好きだと答えた人が600人のうち305人ですので、次式で「20代」の「海老天が好き」の回答数について、理論値を求めます。

$$\text{理論値} = \text{表側項目の人数} \times \frac{\text{表頭項目の人数}}{\text{回答総数}}$$

この式から、まず表側項目の「20代」(200人)、表頭項目「海老天が好き」(305名)、回答総数600名について、理論値を求めるので、次のように計算します。

$$20\text{代の海老天が好きと回答した人数の理論値} = 200 \times \frac{305}{600}$$

これを計算すると、**101.67**となります。

20代の海老フライが好きと回答した人数の理論値は、$200 \times 295 \div 600 = 98.33$ と求めることができます。この要領で、30代、40代それぞれ、海老天が好き、海老フライが好きと回答した人数の理論値を求めました。

Excelで20代の海老天が好きと回答した人数の理論値は、次のように計算しています。

---

[17] 統一の指標はありませんが、各属性がおおよそ15〜20件以上あることが理想的で、5〜6件のように少なすぎると、分析の精度が悪くなります。

3.2 統計的仮説検定〜仮説が正しいのかを統計学的に判断

[Excel画面: B9セルに `=$D9/$D$12*B$12` が入力されている。クロス集計表と理論値の表]

	A	B 海老天	C 海老フライ	D 計
1		海老天	海老フライ	計
2	20代	88	112	200
3	30代	98	102	200
4	40代	119	81	200
5	計	305	295	600
6				
7				
8		海老天	海老フライ	計
9	20代	101.6667	98.33333	200
10	30代	101.6667	98.33333	200
11	40代	101.6667	98.33333	200
12	計	305	295	600

→ クロス集計表 / 理論値

[理論値を求める計算]

	A	B 海老天	C 海老フライ	D 計
1		海老天	海老フライ	計
2	20代	88	112	200
3	30代	98	102	200
4	40代	119	81	200
5	計	305	295	600
6				
7				
8		海老天	海老フライ	計
9	20代	=$D9/$D$12*B$12	=$D9/$D$12*C$12	200
10	30代	=$D10/$D$12*B$12	=$D10/$D$12*C$12	200
11	40代	=$D11/$D$12*B$12	=$D11/$D$12*C$12	200
12	計	305	295	600

● へだたり度を求める

へだたり度とは、実際のデータと理論値との違い、ズレ具合のことを指しており、統計学では、χ^2分布上の検定統計量である**χ^2値**と表します。

$$\chi^2値 = \sum \frac{(実際の値 - 理論値)^2}{理論値}$$

Σ(シグマ)は、その後ろに続く値や計算の結果を、すべて合計するという意味の数学記号です。

20代で海老天が好きと回答した人数について計算すると、20代の海老天が好きと回答した人数が88人、理論値が101.67なので、$(88-101.67)^2 \div 101.67 = 1.84$となります。

その他の項目についても同様に計算し、次のように求めます。

[第❸日] 推測統計学 — 仮説を検定・母集団を推定する

	A	B	C	D
1		海老天	海老フライ	計
2	20代	88	112	200
3	30代	98	102	200
4	40代	119	81	200
5	計	305	295	600
6				
7				
8		海老天	海老フライ	計
9	20代	=$D9/$D$12*B$12	=$D9/$D$12*C$12	200
10	30代	=$D10/$D$12*B$12	=$D10/$D$12*C$12	200
11	40代	=$D11/$D$12*B$12	=$D11/$D$12*C$12	200
12	計	305	295	600
13				
14				
15		海老天	海老フライ	
16	20代	=(B2-B9)^2/B9	=(C2-C9)^2/C9	
17	30代	=(B3-B10)^2/B10	=(C3-C10)^2/C10	
18	40代	=(B4-B11)^2/B11	=(C4-C11)^2/C11	
19				
20	カイ二乗値	=SUM(B16:C18)		
21				

すべて合計した結果、へだたり度(χ^2値)は **10.016** となります[18]。

🌱 クロス集計表の自由度

好みでは、「海老天が好き」と答えた 305 名のうち、20 代・30 代の回答者数がわかれば、おのずと 40 代の回答者数はわかります。また、年代では「20 代」の回答のうち、「海老天が好き」の回答者数がわかれば、「海老フライが好き」と答えた人数がわかります。

つまり、20 代の「海老天が好き」と 30 代の「海老天が好き」という 2 つの情報さえあれば、合計の情報から、すべての情報を満たすことができることから、このクロス集計表の自由度は 2 となります。

---

[18] 2 × 2 クロス集計表の場合の χ^2 値は、次の式を使うと、理論値を求めることなく、本文で説明した方法で求めた χ^2 値と同じ値を求めることができます。

$$\chi^2 \text{値} = \frac{N(ad-bc)^2}{(a+c)(b+d)(a+b)(c+d)}$$

	表頭項目 1	表頭項目 2	計
表側項目 1	a	b	$a+b$
表側項目 2	c	d	$c+d$
計	$a+c$	$b+d$	N $(a+b+c+d)$

	A	B	C	D
1		海老天	海老フライ	計
2	20代	88	112	200
3	30代	98	102	200
4	40代	119	81	200
5	計	305	295	600

クロス集計表における自由度の求め方は、次のとおりです。なお、この式では列や行の数に合計は含みません。

クロス集計表の自由度 ＝（列の数－1）×（行の数－1）

🌱 年代による違いの有無を判定する

独立性の検定では、母集団の年代により好みに「違いがない（独立している）」という仮説を立てます。この仮説が**帰無仮説**です。「違いがない」とは、へだたり度（値）が0である状態を指します。**対立仮説**は、「違いがある」となります。ここでは、有意水準を5％とします。

分布は自由度によって形が大きく変わります。下図は、順に自由度が1の場合、右図は自由度が2の場合、自由度が3の場合、自由度が5の場合の分布です。

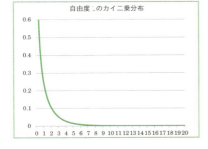
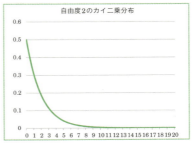
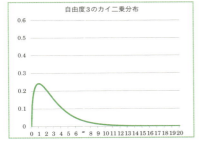
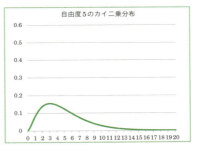

χ^2 分布の横軸が χ^2 値を表しています。この事例では、χ^2 値が大きければ大きいほど違いがある（属性、すなわち年代によって独立している）と判断できるので、こうした場合は、右側に棄却域が配置されます。

自由度が 2、有意水準が 5％（0.05）のときの境界値は、**CHISQ.INV.RT 関数**（Excel 2007 までは **CHIINV 関数**）を使って 5.99 と求めることができます。CHISQ.INV.RT 関数は、χ^2 分布の右側確率について、確率（有意水準）から χ^2 値を求める関数です[19]。

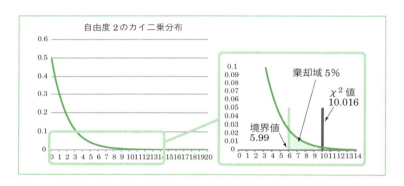

χ^2 値が 10.016 なので、境界値の 5.99 よりも χ^2 値の方が大きく、統計学的には年代により好みに「違いがある」と言えると判断できます。

なお、χ^2 値がこの境界値よりも小さいときは、「違いがない」とは言い切れず、統計学では「違いがあるとは言えない」、または「統計学的に違いがあるとは認められない」という程度の表現にとどめておきます。

---

[19] χ^2 値から左側確率を求めるには、CHISQ.DIST 関数を利用します。逆に、得られた確率から χ^2 値を求めるには CHISQ.INV 関数が利用できるので、CHISQ.INV 関数は CHISQ.DIST 関数の逆関数にあたると言えます。

3.2 統計的仮説検定～仮説が正しいのかを統計学的に判断

	A	B	C	D	E
1		海老天	海老フライ	計	
2	20代	88	112	200	
3	30代	98	102	200	
4	40代	119	81	200	
5	計	305	295	600	
6					
7					
8		海老天	海老フライ	計	
9	20代	101.6667	98.33333	200	
10	30代	101.6667	98.33333	200	
11	40代	101.6667	98.33333	200	
12	計	305	295	600	
13					
14					
15		海老天	海老フライ		
16	20代	1.837158	1.899435		
17	30代	0.13224	0.136723		
18	40代	2.955191	3.055367		
19					
20	カイ二乗値	10.01612	=SUM(B16:C18)		
21					
22	境界値	5.991465	=CHISQ.INV.RT(5%,2)		
23					
24	P値	0.006684	=CHISQ.DIST.RT(B20,2)		
25					

🌱 χ^2分布の右側のP値を直接求める関数 ～ CHISQ.DIST.RT 関数

χ^2分布上の右側からの確率、つまりP値を求めるには、**CHISQ.DIST.RT 関数**（Excel 2007 までは **CHIDIST 関数**）を使います。

CHISQ.DIST.RT 関数は、χ^2値と自由度を指定します。このデータの場合は、0.0067 と求められます。あらかじめ定めた有意水準よりも小さければ、有意であると判断します。ここでは有意水準が 5％の場合、有意であると判断できます。

🌱 χ^2検定を行う関数 ～ CHISQ.TEST 関数

χ^2検定を直接行うことができる関数が、**CHISQ.TEST 関数**（Excel 2007 までは **CHITEST 関数**）です。実データと理論値のデータさえあれば、χ^2分布上の確率を求めることができます。

あらかじめ定めた有意水準よりも、この関数で得られた値が大きければ、年代により好みに違いが「あるとは言えない」のような表現をします。まったく差がないという状態ではないので、「違いがない」という表現は使いません。

なお、CHISQ.TEST 関数（CHITEST 関数）で範囲選択をするとき、合計の欄は含めません。

　　　=CHISQ.TEST（実際の値の範囲, 理論値の範囲）

🌱 P 値の大きさと関連の強さとは無関係

いままで、t 値や χ^2 値といった検定統計量が大きければ大きいほど P 値は小さくなる、そして自由度が大きければ大きいほど、有意になりやすいという特徴があると説明しました。

しかし、P 値の大きさだけを見て、差や違いの大きさを探ってはいけません。P 値は、検定統計量と自由度によって変化することを理解しておきましょう。

3.2.4 推測統計学を実務に応用するのには限界がある

🌱 推測統計学では 100％の証明はできない

第 2 日ではグラフや平均値、ヒストグラムなどを通じて標本の実態をそのままとらえるための記述統計学について説明しました。

第 3 日では、検定を中心に母集団の様子を何とかして探る可能性について説明してきました。

ここで理解しておいてほしいのは、統計学で検定をはじめとする分析は、「寸分違わず正確な結果を出す」ことを目的としていない、ということです。そもそも統計学で 100％（の証明をすること）を保障することは、絶対にありません。第 4 日からは予測にも入りますが、統計学を利用した予測が絶対に当たるということもあり得ません。

そもそも有意水準をあらかじめ定めるのは、差がない、違いがないといった帰無仮説の正しさを間違えてしまう可能性を考慮しましょう、という意味があります[20]。

つまり、検定で仮に「差があるとは言えない」、「違いがあるとは言えない」といった結論が得られたとしても、これを万能な判断材料にすることはできません。

---

[20] 統計学ではこうした間違いのことを、**第 1 種の過誤**（だいしゅのかご）と呼びます。有意水準は、第 1 種の過誤の確率のことを指しています。

🌱 実数ベースで意味があるかどうかを検討する

そして、検定を行う前には、まずそもそも実数ベースで差があるのか、違いがあるのかを必ず検討しましょう。

たとえば、3.2.2 の事例 1（p.99）を振り返ってみましょう。

ダイエット前よりダイエット後の体重の平均値は小さくなっており、その差は 1.23 kg です。ダイエットの後で体重が減っているのはハッピーなことです。そして、統計学的には、サンプルサイズが 10 の測定でも、有意差があると判定されました。

それでは、この減量のデータをエステティックサロンやスポーツジムが広告に謳う場合、どれだけ意味があるでしょうか。

いくら統計学的に差があることを立証できたしても、料金を支払い、わざわざ時間をかけて施設を利用して 1 〜 2 kg しかやせられないのであれば、利用者にとって費用対効果が薄いことは容易に想像できます。

また p.102 で説明したとおり、サンプルサイズが大きければ大きいほど、同じ体重の差であってもより有意になりやすいという特徴があります。そのため、目的や場面（業種・調査対象）などに応じて、検定に頼る度合いは、切り替えて考えなければなりません。

　　「Excel や統計学を学ぶ本なのに、そんなことを言ってよいのか」

と感じる読者の方もいらっしゃるかもしれません。しかし、Excel でも統計学でも、何ができて何ができないのか、どこに限界があるのか、またどういった注意点があるのか、そして実務では落としどころをどこに持っていけばよいのかも含めて知ることが重要なのです。

第 3 日のまとめ

　第 3 日では、推測統計学のうち、対応のあるデータについて平均の差の検定（p.99）と、クロス集計表を基に独立性の検定（χ^2 検定）（p.109）を特に採り上げました。

　そして、統計的仮説検定を実務で応用することの限界（p.124）についても説明しました。

　意思決定支援のために統計学を応用する場合、統計学のお作法にさえ従っていればよいということではなく、意思決定までの過程を顧客・上司などに説明できること、またそうした説明によって説得できることが大切です。

　第 4 日・第 5 日は、相関関係を利用した数値予測を行う方法について説明します。

　それには、回帰分析という統計手法を使います。

[第❹日]

相関・単回帰分析

関連度合いを利用した分析と数値予測

ここからは、2つの変数の関連を利用した分析について説明します。
「ビッグデータ」という言葉が躍るようになり久しくなってきましたが、これと大きく関係している分析の1つが相関関係です。
相関関係を利用した分析のうち、比較的説明・解釈がしやすく、意思決定に利用しやすい、「回帰分析」という分析手法に重点を置いて説明します。

4.1 回帰分析の前に
~数値予測のはなし・回帰分析とは

4.1.1 数値予測の考え方 ~予測には根拠が必要

　実務でデータ活用をする重要な場面の 1 つに、**予測**（Prediction）があります。現在までの状況を表すデータがあり、そのデータを基に、将来どのように変化するのかを統計手法を利用して求めるものです。

　ここでは「数値予測の考え方」としていますが、統計学をビジネスに応用して意思決定を行うときの重要な考え方につながります。しっかりと理解して、実務に役立てましょう。

　Excel や数値予測に限ったことではありませんが、とりあえずデータの型が分析手法に合っていれば、ソフトウェアの仕様どおりに分析結果が出力されます。しかし、分析手法の概要を理解していなければ、エラーメッセージが表示されたときに対応できません。また、意思決定には使えない結果が出てしまっても気づかないことすらあるのです。

　そこで第 4 日では、まず予測に対する臨み方を説明し、そして回帰分析の概要を順を追って説明します。

● なぜ予測に根拠が必要か

　「よーし、来期の売上は 10 億円だ。頑張ろう！」

　声の大きな部長による激励が社内に響きます。この 10 億円という目標が、部長の鶴の一声によって掲げられた場合と、売上を左右する具体的な要因をあげ、その要因の傾向・変化を見極めたうえで目標売上高として掲げられた場合とでは、どこにどのような違いがあるのかを、考えてみましょう。

（1）社内への影響

　まず部下の立場で考えてみましょう。

　これまで業績を上げてきた信頼のおける部長の鶴の一声であれば、何とか応えよう、目標達成して昇給だ！ など考えるでしょう。

　しかしこの場合、業績が良かったかどうか、目標が達成できたかどうかに関わらず問題が出てきます。それは、今回うまくいっても再現性が得られず、次に活

かせないということです。成功にしろ失敗にしろ、原因の究明ができないのです。

また、部長が掲げた目標が達成できなかったり、予想が大きく外れてしまったとしましょう。そのとき、部下の人たちは、不満を残さず、再び次期に向けて気分良く仕事をすることができるでしょうか。

(2) 社外との影響

さらに、取引先金融機関と折衝する場合を考えてみましょう。

融資の折衝を行うとき、「来期には10億円の売上が見込まれますが、設備投資が必要です」という場面を考えてみましょう。

業界の動向や需要の変化などを考慮しながらも、過去の規則性や法則性といったデータに基いた予測をした上で、どのように利益を出し返済していくのか、シナリオを整えて臨む場合と、具体的な数字が乏しい場合を比べると、当然データに基づいた予測と共に臨んだ方が説得・説明力が増します。

🌱 数値予測を行うときの臨み方

仮に、ある人のこれまでの経験などに基づく『感覚』や、天才的なカンによる予想が当たり続けたことで、一定の業績を上げることができていたとしましょう。

しかし、会社では、社内での異動や退職のほか、急な病気、介護や出産・育児などによって、会社や店などを休まなければいけなくなることは、いつでも、誰でもあり得るのです。そうした中で特定の人の経験やカンに基づいた意思決定を続けていくことは、得策とはいえません。

また、絶対に当たる予測、当たり続ける予測などは、存在しないのです。

そこで、必要となる考え方は

> 『予測は外れたときから始まる』

ということです。予測に影響しそうな要因は何だったのか、また予測した時点と変化した状況は何だったのか、などを検討することが重要です。そして、予測を日常業務を通じて、ブラッシュアップしていくのです。

統計手法を使って予測をするための式、つまり**統計モデル**によって予測をするのは、主に次のポイントがあります。ここでは予測したい変数を売上高としていますが、読者の皆さんの業種や職域などに応じて、販売数量、粗利益、来店客数、利用者数、Webのバナー広告のクリック件数、受注件数（数量）、引き合い（資料請求）件数など、身近な目的の項目に読み替えてください。

① 予測をする目的を明確にする(例:次期予算策定のためなど)
② その目的のために、自社・自店でコントロールできる項目のうち、何を予測するのかを明確にする(ここでは「売上高」とします)
③ いきなり将来の予測をせず、一部のデータ、また時系列データの場合は直近のデータを使って、正解が出ているものをまず予測(推定)する

予測の値と実際の値との比較は、相対誤差を利用しましょう。

$$相対誤差(\%) = \frac{実際のデータ - 推定値}{実際のデータ} \times 100$$

④ 可能な限り、複数の予測の方法を検討する

本書では、Excel で計算して求めることができる予測手法のうち、一部の数値予測の方法を、第4〜6日で採り上げます。

⑤ 予測精度が現実的なものならば、将来の予測に入る

求められる予測精度には、統一の指標がありません。人員・資金繰り・在庫数量など、意思決定に左右する項目について、予測で得られた値と、実際の結果との差がどれだけ許容できそうか、運用面から考えていく方法などがあります。

🌱 統計学的な精度を求めるだけでは意思決定の妨げになることがある

標本を対象に、第4日・第5日で説明する回帰分析を行い、その結果を基にして予測をするための式を作ります。統計学において、標本から回帰分析を行った結果について、母集団の検定を行うことは、統計学では一般的な慣習です。

しかし、特に販売・会計・顧客・人事労務データをはじめとするビジネスデータでは、検定などの統計学の慣習をシビアに意思決定に反映させるのは、あまり実態にそぐわない場合があります[1]。

むしろ、こうしたビジネスデータから、なぜその予測(に基づく意思決定)に至ったのかを、実務のスピード感を損なうことなく、(経営者や上司など)相手が理解できるように説明ができることを、より重視すべきです。そして、日常業務を通じて予測精度を上げていくために分析を重ねる姿勢が大切になります。

---

[1] あくまでも、統計手法を実務に応用させる場合を指しています。例外なくどの事例でも、統計学の慣習に倣うことを否定しているわけではありません。特に、医療などの分野や、論文執筆などの場合で標本を対象に分析を行ったときは、統計的仮説検定などのような統計学の慣習に従う姿勢は重要です。

4.1.2　主な数値予測の種類

本書で説明する予測手法の分類を次に示しておきます。

🌱 数値予測の方法

（1）予測したい変数について 過去の推移のみを利用する方法

現在までの時系列データの推移が示す傾向を利用して、将来の時点の予測をするものです。データの範囲外である将来の予測のことを**外挿**と呼びます。本書では一部の方法を第6日で説明しますが、第4日・第5日の内容を理解したうえで読むとより理解が深まります。

（2）予測したい変数と共に変化する、その他の要因（変数）を利用する方法

予測したい変数との相関関係を利用して予測を行うもので、主に**回帰分析**（Regression Analysis）という統計手法を利用します。回帰分析は、第4日・第5日にわたって説明します。

🌱 その他の予測の方法

予測の対象となるのが数値ではなく、合否、来店の有無をはじめとして、あらかじめ分類されたグループのうちちらに属するのかを予測する**判別予測**や、**ロジスティック回帰分析**などがあります。

本書では、Excelで扱うことができる一部の手法を第7日で説明します。

4.1.3　回帰分析とは

🌱 複数の変数を一度に分析することの意義 〜多変量解析

アンケート調査などによって、個別の評価項目の単純集計やクロス集計をすることには大きな意義があります。しかし、私たちの行動を考えても、何か1つや2つの要因や関連性だけで決めることは多くはないでしょう。

多くの事柄は多かれ少なかれ、複数の要因が行動や意思決定に関連し合っているものです。複数の変数を一度に分析する手法を総称して、**多変量解析**（Multivariate Analysis）と呼びます。データ行数のことを変量と表す場合もありますが、ここでは変数やデータ行数の多いものを一度に分析を行うものと考えてください。

[第❹日] 相関・単回帰分析 ― 関連度合いを利用した分析と数値予測

様々な分析手法が存在する中、どのように分析手法を選べばよいか、迷うことがあります。そこで、多変量解析を利用するうえでの考え方をあげておきます。

（1）分析の目的を明確にする
（2）分析の目的を明確にすれば、分析手法が決まる
（3）分析手法が決まれば、必要なデータの型が決まる
（4）データの型が決まったら、その型に合うようなデータを集める

🌱 相関関係がベースにある

第2日では、1つの変数について特徴を明らかにするために、グラフを描いたり、平均値などの基本統計量を求めたりしました。そして第3日では、母集団から抽出した標本を基に検定を行いました。特にクロス集計表は、一般にカテゴリーデータを対象としており、その関連度合い（独立性）を確かめました。

数値データは、任意のルールによってカテゴリーデータに変換して扱うこともできますが、そうすると情報の量が減ってしまいます。数値データは数値データのまま扱い、関連度合いを探ることができれば、数値予測などのより深い分析が期待できます。その代表的な方法が、**相関関係**を利用する方法です。

ここで、データの型について説明します。

多変量解析のうち、注目する特定の1つの変数が存在する分析手法と、そうでない分析手法とがあります。ここで（予測したい）特定の注目する1つの変数のことを、多変量解析では**外的基準**（External Criterion）と呼びます。

本書で特に重点的に採り上げる回帰分析は、前者の外的基準が存在する分析手法に該当します。

	A	B	C	D	E
1	No.	売場面積(m²)	所要時間(分)	駐車場台数	売上高(千円)
2	1	2,562	26	120	137,600
3	2	2,653	7	130	120,900
4	3	1,803	9	190	96,900
5	4	1,363	11	70	64,000
6	5	1,091	7	40	52,500
7	6	1,036	12	80	57,800
8	7	2,413	3	80	164,500
9	8	2,441	2	30	149,900
10	9	1,324	1	100	122,800
11	10	2,452	6	150	119,300
12	11	1,753	2	120	116,000
13	12	2,468	4	90	112,100
14	13	3,205	14	180	102,800
15	14	1,258	5	30	99,000
16	15	2,276	7	80	97,800
17	16	1,462	5	30	90,700
18	17	774	14	60	61,900
19	18	851	8	70	47,100
20	19	367	15	90	44,300

4.1 回帰分析の前に 〜数値予測のはなし・回帰分析とは

　前ページの表は、第 5 日の回帰分析の事例で採り上げるものです。19 行のデータは、チェーン店の 19 店舗に関する情報を表します。これらの店舗について、売上高や店舗の環境を表す売場面積・最寄駅からの所要時間・駐車場の収容台数を示しています。

　回帰分析の主な用途は、数値予測です。予測をしたい項目を回帰分析では**目的変数**[2]と呼び、多変量解析の**外的基準**にあたります。また、回帰分析を行うには、予測したい項目の多少・増減に影響する、または影響していそうなその他の項目が必要になります。回帰分析ではこの項目のことを**説明変数**（Explanatory Variable）[3]と呼びます。

　回帰分析では、1 つの目的変数を他の（複数の）変数で説明をするための式を作ります。上の例では、20 店舗目の新たな店舗について売場面積・最寄駅からの所要時間・駐車場の収容台数という情報を基に、式を作って売上高を予測します。

　なお、第 1 日では、データが表す傾向や特徴について、式などによって説明することをモデルと呼ぶと説明しましたが、回帰分析によって得られる式のことは、**回帰モデル**と呼ぶことがあります。

　回帰分析を行うには、説明変数と目的変数との間に強い相関関係があること、また説明変数同士では、強い相関関係がないことが求められます。詳細は第 5 日 p.184 で詳しく解説します。

　第 4 日では、まず理解の第一歩として、シンプルな説明変数が 1 つだけの例を使って説明します。説明変数が 1 つだけの回帰分析を、**単回帰分析**（Simple Regression Analysis）と呼びます。また、説明変数が 2 つ以上[4]の回帰分析を、**重回帰分析**（Multiple Regression Analysis）と呼びます。

　なお、こうした回帰分析は、統計解析用ソフトでは、**線形回帰分析**（Linear Regression Analysis）というような名称で分類されています。

---

[2] 目的変数は、ほかに**従属変数**（Dependent Variable）、**被説明変数**（Explained Variable）とも呼びます。本書では目的変数という表現で統一します。
[3] 説明変数は、ほかに他に**独立変数**（Independent Variable）とも呼びます。本書では説明変数という表現で統一します。
[4] Excel のデータ分析ツールで回帰分析を行う場合、説明変数は 16 までという制限があります。

4.2 相関
～2つの数値項目の関連度合いを探る

4.2.1 散布図と相関関係

相関関係とは、2つの変数の関連度合いのことを指します。**関連度合い**とは、一方の変数の値が多ければ多いほど、もう一方の変数も多いという傾向を示す関係（相関関係①）や、また逆に、一方の変数の値が多ければ多いほどもう一方の変数が少ないという傾向を示す関係（相関関係②）を表します。

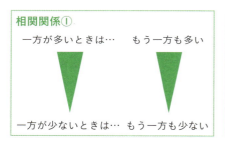
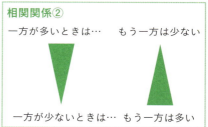

散布図で表すと、相関関係①にあるような、一方の値が多ければもう一方の値も多い傾向にあることが見られる場合、右肩上がりの状態を示し、**正の相関**（Positive Correlation）と呼びます。

逆に相関関係②にあるような、一方の値が多ければもう一方の値が少ない傾向にあることが見られる場合、右肩下がりの状態を示し、**負の相関**（Negative Correlation）と呼びます。また散布図で、より直線的な関係があればあるほど、相関の強さがより強いと表します。

また、右肩上がりでも右肩下がりでもないような関係は、**相関がない**（No Correlation）と表します。次ページの図の散布図では、散布図での関係と相関の強さを示しています。上の相関関係①のケースは、散布図①と②に当たります。相関関係②のケースは、散布図④と⑤に当たります。

そして①と②を比べると、①よりも②の方が、「一方が増えればもう一方が増える傾向にあること」の例外がより多いことが言えます。相関関係が弱くなればなるほど、こうした例外が次第に多くなってきます。

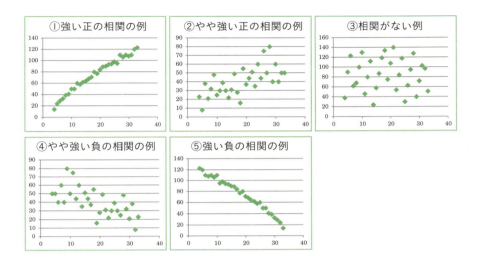

そして一方が増えればもう一方が増える（減る）という傾向が見られない場合は、相関がないと表します。

4.2.2 相関の強さを数値で表す ～相関係数

相関関係を探ることが想定されるデータは、0.1 や 0.35 などの少ない数量や、数万・数十万・数億、またそれ以上になるものまで、あらゆる値が考えられます。こうした基データの数値の大きさによらず、相関の強さを比較できるようにするため、**ピアソンの積率相関係数**（Peason's Correlation Coefficient）を使って表します。一般に、単に**相関係数**（Coefficient of Correlation）と言うときは、この相関係数を指します。

相関係数は、常に−1から1の間に収まり、0を境にして1に近ければ近いほど強い正の相関があると判断し、−1に近ければ近いほど、強い負の相関があると判断します。

また、相関係数が0に近ければ相関がないと判断します。

上の5つの散布図では、相関係数は①から⑤まで順に、① 0.99、② 0.65、③ 0、④ −0.65、⑤ −0.99 です。相関係数と散布図の見た目の違いについて、ここで理解しておきましょう。

[第❹日] 相関・単回帰分析 — 関連度合いを利用した分析と数値予測

🌱 相関係数の概要

以下は、相関係数を求めるための式です。統計学では相関係数を、一般に r で表します。

$$r = \frac{\sum_{i=1}^{n}(x_i - \bar{x})(y_i - \bar{y})}{\sqrt{\sum_{i=1}^{n}(x_i - \bar{x})^2}\sqrt{\sum_{i=1}^{n}(y_i - \bar{y})^2}}$$

この式を翻訳すると、次のようになります。

① 横軸と縦軸のそれぞれの値について、単純平均値を求めます。
② すべての横軸のデータについて、「データの値」から「横軸のデータの単純平均値」を引きます（横軸の変数の偏差を求めます）。
③ すべての縦軸のデータについて、「データの値」から「縦軸のデータの単純平均値」を引きます（縦軸の変数の偏差を求めます）。
④ 1番目のデータについて、「横軸の変数の偏差」と「縦軸の変数の偏差」を掛けます。
⑤ 2番目以降すべてのデータについても同様に、「横軸の変数の偏差」と「縦軸の変数の偏差」を掛けて、すべての結果を合計します。掛け算した結果を**偏差積**と呼び、その合計を**偏差積和**と呼びます。
⑥ データ個数で割ります[5]。この結果を**共分散**（Covariance）と呼びます。
⑦ 横軸の変数の標準偏差を求めます。
⑧ 縦軸の変数の標準偏差を求めます。
⑨ 横軸と縦軸の標準偏差を掛けます。
⑩ 「⑥共分散」を「⑨標準偏差の積」で割ります。

---

[5] 相関係数を求める式の分子（共分散）と分母（標準偏差）いずれも、共通してサンプルサイズで割り算をするため、相関係数を求める式を表す場合は、一般に分子と分母それぞれの n を省略します。なお共分散を求める式を単独で書くと、次のとおりになります。

$$Cov = \frac{\sum_{i=1}^{n}(x_i - \bar{x})(y_i - \bar{y})}{n} \qquad Cov = \frac{\sum_{i=1}^{n}(x_i - \bar{x})(y_i - \bar{y})}{n-1}$$

Excelでは前者の標本共分散を **COVARIANCE.P 関数**（Excel 2007 までは **COVAR 関数**）で、後者の不偏共分散を **COVARIANCE.S 関数**で求めることができます（Excel 2010・2013・2016 のみ対応）。また、データ分析ツールの「共分散」機能でも同様に求めることができます。

以上をまとめ、相関係数を求めるための式をわかりやすく日本語で表すと、次の式になります。

$$相関係数 = \frac{(1\text{番目の}x\text{の偏差} \times 1\text{番目の}y\text{の偏差} + 2\text{番目の}x\text{の偏差} \times 2\text{番目の}y\text{の偏差} + \cdots + \text{最後の}x\text{の偏差} \times \text{最後の}y\text{の偏差})\text{の平均値}}{x\text{の標準偏差} \times y\text{の標準偏差}}$$

「1番目」、「2番目」…「最後」は、それぞれ「1番目のデータ」、「2番目のデータ」、「最後のデータ」を表します。

共分散は、基データの値の大きさに応じた値になります。⑥の共分散を、標準偏差で割ることでデータが標準化されます。つまり、常に相関係数は0を中心とした−1から1の値に収まります。

散布図でいうと、次の図のように、右上の領域や左下の領域に多くデータが分布しているほど相関係数は正の値になり、左上の領域や右下の領域に多くデータが分布しているほど相関係数は負の値になります。

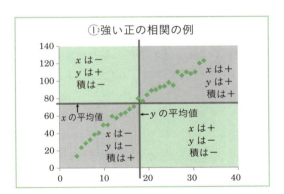

🌱 複数の変数のうち、最も相関の強い変数を探る

相関係数の利用について、事例を使って説明しましょう。次のページのデータは売上高と、給与手当・広告宣伝費・旅費交通費・交際費・租税公課について、月別に集計した表[6]です。

---

[6] 会計ソフトからCSV形式などにエクスポート（データの書き出し）した場合、この表の縦横が逆になる場合があります。また、年度をまたぐ場合で、発生しなかった科目は反映されません。発生しなかった月の金額は0として、表形式に整える必要があります。

	A	B	C	D	E	F	G
1		給料手当	広告宣伝費	旅費交通費	交際費	租税公課	売上高:千円
2	2014年4月	3033000	240000	510000	86520	3000	66000
3	2014年5月	3222000	172000	240000	183340	1000	40000
4	2014年6月	2664000	274400	550000	86520	5000	88000
5	2014年7月	2565000	130000	430000	126690	1000	36000
6	2014年8月	2646000	232000	480000	115360	4000	69000
7	2014年9月	2691000	108000	450000	288400	2000	35000
8	2014年10月	2835000	160000	270000	161710	4000	49000
9	2014年11月	3132000	148000	430000	224540	2000	44000
10	2014年12月	2889000	332000	250000	104030	6000	108000
11	2015年1月	2781000	228000	420000	144200	1000	64000
12	2015年2月	2556000	196800	300000	109180	2000	70000
13	2015年3月	3006000	116000	360000	259560	1000	41000
14	2015年4月	2736000	172000	520000	104030	3000	62000
15	2015年5月	2736000	88000	330000	166860	1000	39000
16	2015年6月	3105000	352000	450000	78280	3000	105000
17	2015年7月	3069000	146000	205000	132870	2000	60000
18	2015年8月	2475000	300800	350000	109180	4000	80000
19	2015年9月	2799000	192000	560000	230720	1000	55000
20	2015年10月	2754000	104000	223000	147290	2000	56000
21	2015年11月	2646000	220000	320000	166860	1000	53000
22	2015年12月	2880000	294000	365000	85490	6000	95000
23	2016年1月	3123000	138000	280000	138020	2000	56000
24	2016年2月	2790000	124000	530000	178190	1000	50000
25	2016年3月	2565000	116000	350000	201880	2000	55000

このうち、売上高とより強い相関関係がある科目はどれかを、相関係数を使って探ります。つまり、売上高の動きと、より密接に連動して増減の動きがある費用は何かを、相関係数の大きさによって判断します。

売上高との相関係数が1に近ければ近いほど、売上高の増減とより関連が強いことを表します。また、相関係数が−1に近いほど、売上高の増減とは反対の傾向を示していることを表します。そして、相関係数が0に近いほど、売上高の増減とは関連がないことを表します。

🌱 相関の強さの判断

相関係数と関連の強さについて説明してきましたが、できれば相関係数がいくつ以上ならどの程度の関連の強さなのか、具体的な目安がほしいところです。相関の強さの判断方法に統一のルールはありませんが、一応の目安として、次の判断材料を紹介します。ただし、これは大まかな目安として使うにとどめ、この後のCOLUMN（p.157）に示す注意点や業界の動向、常識、商慣習、またセールスやマーケティングの事情なども考慮して、判断しましょう。

相関係数の絶対値	相関の強さを判断する目安
0.8 以上	強い相関がある
0.6 以上	相関がある
0.4 以上	弱い相関がある
0.2 未満	ほとんど相関がない

4.2.3 Excel で相関係数を求める

Excel で相関係数を求めるには、次の 2 つの方法があります。目的に応じて使い分けましょう。

(1) データ分析ツールで求める方法

データ分析ツールの「相関」というメニューから、相関係数を求めるためのデータの範囲を指定して、相関係数を求めます。相関係数は 2 つの変数の相関関係を表す数値ですが、3 つ以上の変数でも、すべての組合せについて、相関係数を出力します。なお、相関係数を求めるために範囲選択をした基データの内容を変更しても、その変更は相関係数の出力結果に反映されません。

(2) CORREL 関数で求める方法

CORREL 関数は、2 つの変数の相関係数を求める関数です[7]。

関数による出力なので、相関係数を求めるために範囲選択した基データの内容を変更すると、その変更が即座に反映されます[8]。

🌱 データ分析ツールで相関係数を求める

相関関係を、データ分析ツールで求める手順を以下に示します。

① 「データ」タブの「分析」グループから、「データ分析」を選択します。

---

[7] Excel では相関係数(ピアソンの積率相関係数)を求める関数として、**PEARSON 関数**が定義されています。どういうわけか CORREL 関数と区別されていますが、同じ結果が出力されます。なお、特に Excel 2000 や XP などの古いバージョンでは、小数点以下数桁目で異なる値が出力され、CORREL 関数の方が正確に出力されることがありました。

[8] 万一、結果が即座に反映されない場合は、データの「計算方法」が何らかの原因で「手動」になっている可能性があります。「数式」タブから、「計算方法」グループの「計算方法の設定」ボタンで、「自動(A)」が選択されていることを確認しましょう。

② 表示された「データ分析」ウィンドウから、「相関」を選択して「OK」ボタンをクリックします。

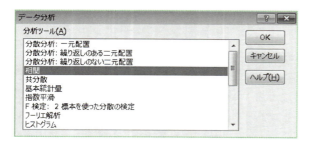

③ 相関係数を求めたいデータの範囲を指定します（ここでは B1 ～ G29 セル）。また、データラベル（「給料手当」、「広告宣伝費」……「売上高」のセル）も含めて範囲指定しているので、**「先頭行をラベルとして使用（L）」にチェックを入れ、任意の出力先を指定**（p.68 参照）**して、「OK」をクリックします。**

　データラベルも含めて範囲選択をすると、変数名が出力結果に反映されるので便利です。データラベルを含めずに範囲指定したときは、相関係数行列には「列 1」、「列 2」……と表示されます。

Excel 分析ツールで相関係数を求めた結果が次のようになります。次のような表のことを、**相関係数行列**と呼びます[9]。

	給料手当	広告宣伝費	旅費交通費	交際費	租税公課	売上高:千円
給料手当	1					
広告宣伝費	0.018361575	1				
旅費交通費	-0.19841691	0.157299206	1			
交際費	0.076591888	-0.657434157	0.00861265	1		
租税公課	-0.070064475	0.685202215	0.003377941	-0.578788284	1	
売上高:千円	0.000178473	0.900038504	0.051120382	-0.72511385	0.776037919	1

🌱 CORREL 関数で相関係数を求める

CORREL 関数は次のように指定します。2列の範囲指定をし、それぞれの列の範囲は、カンマ記号で区切ります。

まず、「売上高」と「給料手当」との相関係数を、次ページの図では B31 セルに求めてみます。

---

[9] 相関係数行列で、同じ変数の交わる部分には、統計学での慣例により常に「1」と表します。
　　Excel の相関係数行列は、Excel の仕様により、右上半分が空欄になっています。出力結果から相関係数を読むだけならばこの表示でも充分ですが、本来、統計学の慣例では空欄を作らず、同じ組合せの相関係数を表示させます。
　　次の相関係数行列は、「R」による出力結果です。参考までに示しておきます。
　　Rによる統計学の解説は、『Rによるやさしい統計学』、山田剛史、杉澤武俊、村井潤一郎 著、オーム社）などを参照してください。

```
> cor(account)
              給料手当     広告宣伝費   旅費交通費    交際費       租税公課     売上高.千円
給料手当      1.000000000  0.01836157  -0.198416910  0.07659189  -0.070064475  0.0001784729
広告宣伝費    0.0183615746 1.000000000  0.157299206 -0.65743416   0.685202215  0.9000385043
旅費交通費   -0.1984169099 0.15729921  1.000000000  0.00861265    0.003377941  0.0511203821
交際費        0.0765918879 -0.65743416 0.008612650  1.00000000   -0.578788284 -0.7251138501
租税公課     -0.0700644750 0.68520221  0.003377941 -0.57878828    1.000000000  0.7760379193
売上高.千円   0.0001784729 0.90003850  0.051120382 -0.72511385    0.776037919  1.0000000000
> |
```

	A	B	C	D	E	F	G
1		給料手当	広告宣伝費	旅費交通費	交際費	租税公課	売上高(千円)
2	2014年4月	337000	60000	51000	84000	3000	66000
3	2014年5月	358000	43000	37000	178000	1000	40000
4	2014年6月	296000	68600	55000	84000	5000	88000
5	2014年7月	285000	32500	43000	123000	1000	36000
6	2014年8月	294000	58000	48000	112000	4000	69000
7	2014年9月	299000	27000	45000	280000	2000	35000
8	2014年10月	315000	40000	32000	157000	4000	49000
9	2014年11月	348000	37000	43000	218000	2000	44000
10	2014年12月	321000	83000	25000	101000	6000	108000
11	2015年1月	309000	57000	32000	140000	1000	64000
12	2015年2月	284000	49200	30000	106000	2000	70000
13	2015年3月	334000	29000	36000	252000	1000	41000
14	2015年4月	304000	43000	52000	101000	3000	62000
15	2015年5月	304000	22000	33000	162000	1000	39000
16	2015年6月	345000	88000	50000	76000	3000	105000
17	2015年7月	341000	36500	20500	129000	2000	60000
18	2015年8月	275000	75200	35000	106000	4000	80000
19	2015年9月	311000	48000	40000	224000	1000	55000
20	2015年10月	306000	26000	40000	143000	2000	56000
21	2015年11月	294000	55000	30000	162000	1000	53000
22	2015年12月	320000	73500	36500	83000	3000	95000
23	2016年1月	347000	34500	30000	134000	2000	56000
24	2016年2月	310000	31000	30000	173000	1000	50000
25	2016年3月	285000	29000	40000	196000	2000	55000
26							
27		=CORREL(B2:B25,$G$2:$G$25)					
28		CORREL(配列1, 配列2)					

　連続した列について相関係数を求めるには、「売上高」の範囲指定をした部分（ここではG2～G29セル）を絶対参照にすることで、そのまま横方向にコピーすれば、「売上高」と「交際費」や、「売上高」と「旅費交通費」などの相関係数を求めることができます。

	A	B	C	D	E	F	G
1		給料手当	広告宣伝費	旅費交通費	交際費	租税公課	売上高:千円
2	2014年4月	3033000	240000	510000	86520	3000	66000
3	2014年5月	3222000	172000	240000	183340	1000	40000
4	2014年6月	2664000	274400	550000	86520	5000	88000
5	2014年7月	2565000	130000	430000	126690	1000	36000
6	2014年8月	2646000	232000	480000	115360	4000	69000
7	2014年9月	2691000	108000	450000	288400	2000	35000
8	2014年10月	2835000	160000	270000	161710	4000	49000
9	2014年11月	3132000	148000	430000	224540	2000	44000
10	2014年12月	2889000	332000	250000	104030	6000	108000
11	2015年1月	2781000	228000	420000	144200	1000	64000
12	2015年2月	2556000	196800	300000	109180	2000	70000
13	2015年3月	3006000	116000	360000	259560	1000	41000
14	2015年4月	2736000	172000	520000	104030	3000	62000
15	2015年5月	2736000	88000	330000	166860	1000	39000
16	2015年6月	3105000	352000	450000	78280	3000	105000
17	2015年7月	3069000	146000	205000	132870	2000	60000
18	2015年8月	2475000	300000	350000	109180	4000	80000
19	2015年9月	2799000	192000	560000	230720	1000	55000
20	2015年10月	2754000	104000	223000	147290	2000	56000
21	2015年11月	2646000	220000	320000	166860	1000	53000
22	2015年12月	2880000	294000	365000	85490	6000	95000
23	2016年1月	3123000	138000	280000	138020	2000	56000
24	2016年2月	2790000	124000	530000	178190	1000	50000
25	2016年3月	2565000	116000	350000	201880	2000	55000
26							
27							
28		0.000178473	0.900038504	0.051120382	-0.72511385	0.776037919	

この結果から、「売上高」と相関関係が強い科目は、「売上高」と交わるその他の科目のうち、相関係数の大きいものになります。ここでは、相関係数が 0.900 の「広告宣伝費」が売上高と最も相関の強い科目、つまり売上高の増減とより連動した動きを示す科目だということがわかります。

　「給料手当」の相関係数は 0.002、また「旅費交通費」は 0.051 とほとんど 0 なので、「売上高」との相関関係はないと判断できます。

　下図は、「売上高」と最も強い相関関係のある「広告宣伝費」について散布図を描いたものです。散布図では右肩上がりの傾向を示しており、広告宣伝費が少なければ少ないほど売上高も総じて少ない、逆に広告宣伝費が多ければ多いほど、売上高も総じて多いことがわかります。

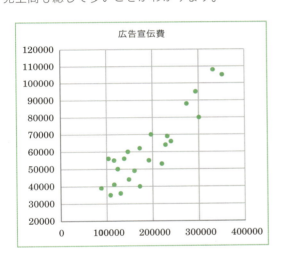

🌱 Excel で相関係数を求めるのに欠損値がある場合

　データ分析ツールや CORREL 関数を使って相関係数を求める場合、欠損値がない組合せならば、そのまますべての行のデータを使って相関係数を求めますが、欠損値が含まれている変数との組合せの場合は、欠損値のある行を除いて相関係数を求めます。

🌱 散布図では縦軸のレンジにも注目を

相関関係を視覚的に探るために散布図を描くことは重要ですが、その際に縦軸のレンジにも注目しましょう。

ここでは「広告宣伝費」と「売上高」との相関関係を探っていますが、p.143の散布図の縦軸「売上高」のレンジは、最大値 108,000 千円（1億800万円）から最小値 35,000 千円を引き算した 73,000 千円でした。

仮に、「売上高」のレンジが数万円〜十数万円程度しかなかったとしたら、いくら強い相関関係が見られたとしても、そのレンジは誤差程度であり、売上高の変化に注目してもあまり意味はないでしょう。

理想的な縦軸のレンジについて統一の指標はありませんので、様々な要因を考慮して判断しましょう。

次からは、こうした相関関係を利用した予測に入ります。この売上高の事例で言えば、人やモノ、カネなどを必要に応じて動かさなければならないほど、変化があるからこそ、予測が必要になるのです。

4.3　単回帰分析

4.3.1　相関関係を基に予測をする

　予測をするには、まず予測をしたい1つの変数を決めましょう。ここでは「売上高」としておきますが、このほかにも、来店客数、販売数量、経常利益、粗利益、問合せ件数など、様々な例が考えられるでしょう。しかし、どの数値を予測するにしても、ここでの考え方は同じです。**予測をしたい1つの変数と、比較的強い相関関係のあるその他の変数を利用して、予測を行います。**

　回帰分析では、予測をしたい1つの変数を**目的変数**、予測をしたい変数と強い相関関係のあるその他の変数のことを**説明変数**と呼びます。

　ここでは、売上高とその他の勘定科目のうち、売上高と最も強い相関関係を示す科目を予測に使うことにします。先の事例（p.141）では「広告宣伝費」が0.900でしたので、「広告宣伝費」を説明変数として、「売上高」の予測をするための式を回帰分析によって求めます。回帰分析で求める予測をするための式のことを、**回帰式**とか**回帰モデル**と呼ぶことがあります。

　回帰式には、説明変数の値が1増加したら目的変数がいくら増えるのかを表す**回帰係数**（Regression Coefficient）という値が含まれます。「広告宣伝費」の場合では、過去の24か月のデータを基に、たとえば広告宣伝費を1円増やしたら「売上高」はいくら増えるのかを求めることができることになります。

　こうした予測をより精度良く行うには、説明変数（ここでは「広告宣伝費」）と目的変数（ここでは「売上高」）との間に、より強い相関関係があると良いことを理解しておきましょう。弱い相関関係しかなかったり、相関関係がなかったとしても、とりあえず売上高の予測値を求めることはできます。しかし、その予測はまず当たることはないでしょうし、他人を納得させる予測の根拠とはなりません。

　説明変数が1つの場合、Excelで予測をするための式を求めるには、次の2つの方法があります。

(1) 散布図の「近似曲線の追加」機能で式を求める
(2) データ分析ツール「回帰分析」の機能で出力結果から、式を作るための情報を得る

ここで、(2)のデータ分析ツール「回帰分析」の機能で出力される「式を作るための情報」とは、p.148で説明する**切片**と**回帰係数**という2つの値を指します。これらの値をどのようにして求めるのかについては省略しますが[10]、まずは散布図から「近似曲線の追加」追加機能で、予測をするための式を求めた後、予測をどのようにして求めるのかを説明します。ここでは、この式は回帰分析によって求めていると理解しておきましょう。

🌱 近似曲線の追加によって式を求める

　Excelの「近似曲線」とは、基データに最も当てはまりの良い直線、または曲線のことを指します。目的変数と説明変数との間に相関関係があるということは、散布図ではより直線的な分布で表されている関係があるということです。

　ここでは、こうした直線的な関係を利用して、基データに直線を当てはめ、その直線の式を予測に利用します。

　説明変数が1つの場合は、散布図の近似曲線の追加機能で、基データに最もフィットする直線を当てはめて、予測をするための式を求めることができます。

① 　まず、**散布図のマーカー(点)の部分を右クリックして、表示されるメニューから、「近似曲線の追加(R)」を選択します。**

② 　表示された「近似曲線の書式設定」画面では、「近似曲線のオプション」は「線形近似(L)」が選択されていることを確認し、**「グラフに数式を表示する(E)」と、「グラフにR-2乗値を表示する(R)」にチェックを入れておきましょう。**チェックを入れた2つのうち、前者は直線を表す式のことで、後者は回帰分析の出力結果のところで後述する、決定係数(寄与率)のことです。

---

[10] 切片や回帰係数を求める計算方法は、次の本などが参考になります。
『マンガでわかる統計学 [回帰分析編]』(高橋信 著、オーム社)
『Excelでできるかんたんデータマイニング入門』(近藤宏・末吉正成 著、同友館)　ほか

4.3 単回帰分析

③ 散布図に、直線が表示されています。また、上に表示された $y=0.2444x+14810$ がこの直線の式で、予測に利用するものです。

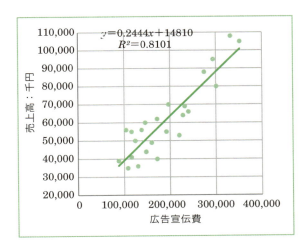

式に出てくる y は、目的変数、散布図では縦軸の値（ここでは「売上高」）のことになります。0.2444 は、散布図では横軸の値（ここでは「広告宣伝費」）が1増加すると、縦軸の値（目的変数）がいくら増加するのかを表します。統計

学では回帰係数と呼びます。x は、予測にあたり説明変数の値、散布図では横軸の値（ここでは「広告宣伝費」）が入ることを表します。最後の 14810 は **切片**[11]（Intercept）と呼び、横軸の値が 0 のときに縦軸の値がいくらになるのかを表しています。

$$y = \underset{\text{目的変数（縦軸）の値}}{y} = \underset{\text{回帰係数}}{0.2444}\,\underset{\text{説明変数（横軸）の値}}{x} + \underset{\text{切片}}{14810}$$

なお、Excel ではこの式は x や y などの文字で表示されますが[12]、これを使って他の人に説明する場合は、x や y が何を表すのかすぐに理解できるような表現にしましょう。この事例の場合ならば、次のように表すとより親切です。

売上高の予測（千円）= 0.2444 × 広告宣伝費 + 14,810

🌱 データ分析ツール「回帰分析」で求める

データ分析ツール「回帰分析」では、切片や回帰係数が表示されるので、それを基に式を作れるようにしましょう。

回帰分析実行用データは、表の一番上にデータラベルを配置して、目的変数の列と、説明変数の列を用意しましょう。ここでは、目的変数は売上高、説明変数は広告宣伝費の列にあたります。

Excel の操作の方法の手順は、次のようになります。

① 「データ」タブから「分析」グループの、「データ分析」ボタンをクリックします。表示されたメニューから、「回帰分析」を選択して、「OK」ボタンをクリックしましょう。

---

[11] 切片のほかに、**定数**や**定数項**と呼ぶこともあります。
[12] 数学では、一次関数で $y = ax + b$ という式を使い 1 つの（標本）データを基に直線の式で表すときに、定数（常に決まったの値が入るという意味で、このように呼びます）を a や b という値で表します。なお、統計学では一般に、$y = a + bx$ と表します。

4.3 単回帰分析

② **回帰分析の設定画面が表示されます。それぞれ次のように入力します。**
- 入力 Y 範囲（Y）：目的変数（1列）のセル（ここでは C1 ～ C29 セル）
- 入力 X 範囲（X）：説明変数のセル（ここでは B1 ～ B29 セル）
- ラベル（L）　入力 Y 範囲、入力 X 範囲に「広告宣伝費（B1 セル）」、「売上（C1 セル）」を含めて範囲選択をしたので、チェックを入れます。

③ **出力オプションに、任意の出力先を指定**（p.68 参照）**して、「OK」ボタンをクリックします**[13]**。**

[13] 設定画面の「有意水準（O）」の欄は、正しくは「信頼区間」のことを指し、95％とすることが多いです。信頼区間 95％としたとき、標本を 100 回抽出したうち 95 回は、切片や回帰係数が「上限（値）」と「下限（値）」に示した範囲に含まれることを表しています。

[第❹日] 相関・単回帰分析 ─ 関連度合いを利用した分析と数値予測

回帰分析の実行結果が、次のように表示されました。

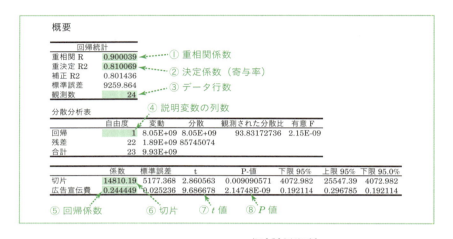

①の「重相関 R」の欄は、回帰分析では**重相関係数**（Multiple Correlation Coefficient）と呼びます。説明変数が 1 つの場合は、目的変数と説明変数との相関係数の絶対値を表します。常に 0 ～ 1 の値になります。第 5 日でもこの値の説明をしています。

②の「重決定 R2」の欄は、正しくは**決定係数**（Coefficient of Determination）や**寄与率**と呼びます。相関係数を 2 乗した値と一致し、常に 0 ～ 1 の値になります。説明変数により目的変数がどの程度説明できているかを意味し、この事例では決定係数が 0.810 と表示されているので、「目的変数を説明変数によって 81.0 ％説明できている」と解釈します。散布図から近似曲線の追加機能で、「グラフに R-2 乗値を表示する（R)」にチェックを入れたときに表示される値が、これにあたります。

③の「**観測数**」という表現はあまり一般的ではありませんが、回帰分析を行うのに使ったデータ行数のことを指します。

④の「**回帰の自由度**」とは、回帰分析においては、説明変数に採り入れた列の数を表します。

上記の⑤回帰係数と、⑥切片を使って予測をするための式を作ります[14]。

---

14 単回帰分析（説明変数が 1 個のときの線形回帰分析）に限り、**SLOPE 関数**で回帰係数を、**INTERCEPT 関数**で切片を求めることもできます。

なお、⑦ t 値と③ P 値については第 4 日では無相関の検定の部分で触れ、第 5 日（重回帰分析）でもう少し詳しく説明します。

回帰分析実行結果で表示される切片や回帰係数は、近似曲線の追加の機能で求めた数式と同じになります。

| 切片 | 14810.19 |
| 広告宣伝費 | 0.244449 |

$y = \boxed{0.2444}\, x + \boxed{14810}$

🌱 データの範囲外の予測には要注意

p.148 で、切片は横軸が 0 のときの縦軸の値と説明しました。このことを文字通り解釈するならば、広告宣伝費は一銭もかけなくても、**1,480 万円**の売上があると予測できることになります。しかし、これあくまでも理論上の話であって、実際にこのように解釈して意思決定に活かしてはいけません。

説明変数である広告宣伝費の最大値は **352,000** 円、最小値は **88,000** 円です。この範囲内の予測のことを**内挿**（ないそう）（Interpolation）と呼びます。

また、横軸が時系列データの場合で、現在までのデータを基に将来の予測を行う場合は、データの範囲外の予測になります。これを**外挿**（がいそう）（Extrapolation）と呼びます。

第 6 日で詳しく説明しますが、横軸が日付や年などの時間を表し、直線や曲線的な増加・減少傾向を示すデータの外挿は、その傾向がそのまま将来にわたって継続するという前提で予測していることを念頭に置いて、意思決定の判断材料に使います。

ちなみに内挿は、説明変数（横軸のデータ）の範囲内に限って予測を行うものです。説明変数の範囲から離れれば離れるほど、予測の精度は期待できなくなります。

4.3.2 無相関の検定

🌱 標本の相関係数について統計的仮説検定を行う

第 3 日では、統計的仮説検定について説明しました[15]。

母集団が潜在的に存在する場合、または母集団から抽出した標本の相関係数と自由度を基に、母集団で有意かどうかを探るのが、**無相関の検定**です。

検定にあたって、相関があることを前提にしたいところですが、一口に「相関がある」という状態は強い相関から弱い相関まで様々あることから、「相関がない」、すなわち相関係数が 0 であるという唯一の状態を、**帰無仮説**としています。**対立仮説**は、「相関係数が 0 ではない」という状態です。

無相関の検定の結果、あらかじめ決めた有意水準よりも、値の方が小さいか、またはこの検定で利用する検定統計量の値が境界値よりも大きければ、その標本の相関係数は有意であると判断します。

有意水準は第 3 日で説明したように、任意の確率を分析を行う人が決めるものです。一般的に、有意水準を 5％とすることが多いです。

🌱 無相関の検定を行う手順

無相関の検定を行う手順は、次のとおりです。

① 相関係数を求める
② 自由度を求める→「サンプルサイズ（相関係数を求めたデータの行数）− 2」[16]
③ 次の式で、t 値を求める

$$t = \frac{相関係数 \times \sqrt{データ行数 - 2}}{\sqrt{1 - 相関係数の2乗}}$$

④ 境界値を求める
⑤ t 値が境界値より上回っていれば、相関係数は有意であると判断する

また、この方法の他に、④と⑤で t 値から P 値を求め、あらかじめ定めた有意水準よりも P 値の方が小さければ有意であると判断します。

---

[15] 統計的仮説検定について、まだ第 3 日をお読みでない方は、まず第 3 日で概要を理解してからまたたこのページに戻ってきましょう。
[16] 「データ行数 − 2」は、無相関の検定における自由度です。

無相関の検定は、t 分布を利用することから、t 検定と総称されることもあります。

なお、相関係数は正の相関と負の相関と両方あるため、t 分布の両裾に伸びる範囲に、有意であると判定できる領域があります。両側に有意であると判定できる検定方法なので、無相関の検定は、**両側検定**にあたります。

t 値が棄却域に収まらない場合、また P 値が有意水準以上を示す場合は、有意ではないと判断します。ただし、有意ではないと判断できたとしても、相関がない、または相関係数が 0 であることが証明できているわけではありません。

p.141 上段にある表の「広告宣伝費」と「売上高」の事例で説明します。このデータの行数は 24 行、相関係数は 0.900 です。

これを基に t 値を計算すると、次のように 9.687 と求めることができます[17]。

$$t = \frac{0.900 \times \sqrt{24-2}}{\sqrt{1-0.900^2}} = \frac{0.900 \times \sqrt{22}}{\sqrt{1-0.810}} = \frac{0.900 \times 4.690}{\sqrt{0.190}} = \frac{4.222}{0.436} = 9.687$$

次に、あらかじめ決めた有意水準を基に、有意であると判断できる境界値を求めます。Excel では **T.INV.2T 関数**（Excel 2007 までは **TINV 関数**）を使います。

なお、相関係数と t 値は、正負の符号が一致します。T.INV.2T 関数（TINV 関数）はプラスの値のみ有効で、t 値が負のときは正しく計算できず、**#NUM! エラー**[18]が表示されるため、**ABS 関数**を使って絶対値を求めておきましょう。

ここでは、有意水準を 5％として、自由度は 22（データ行数が 24 行なので、24 − 2 = 22）。これを T.INV.2T 関数で次のように指定します。

```
=T.INV.2T ( 5% , 22 )
```
T.INV.2T関数　有意水準　自由度（データ行数−2）

---

[17] 手計算では、途中の小数点以下の丸めにより、値が若干異なる場合があります。また、平方根（√）は巻末の付録（p.262）で説明しています。

[18] Excel で #NUM! エラーは、関数に不適切な値を利用したときなどに表示されるエラー表示です。

この結果、2.074 になったので、有意水準を 5％としたとき t 値は 2.074 以上[19] ならば有意であると判断します。有意水準が 1％の場合は、t 値が 2.819 以上で有意であると判断します。有意水準が 5％ではなく 1％のように、厳しくなればなるほど有意になると判断できるのに必要な t 値の大きさは、大きくなるという特徴があります。

また、上記以外に、t 値を基に直接 P 値を求め、その値が有意水準（の確率）よりも小さければ有意であると判断する方法もあります。

Excel で t 値を基に直接 P 値を求めるには、**T.DIST.2T 関数**（Excel 2007 までは **TDIST 関数**）を使います。

ちなみに TDIST 関数では、「=TDIST(9.687, 22, 2)」と指定します。3 番目の引数（カンマで区切った 3 番目に指定する場所）の「2」とは、両側分布の場合に指定し、片側分布の場合は、「1」と指定します。

結果は 2.15E-09 と表示され、ほとんど 0 である[20] ことから、有意水準 5％としたとき、この広告宣伝費と売上高の相関係数は、この方法でも同様に有意であると判断することができます。

なお、単回帰分析では、回帰分析実行結果にある説明変数の P 値や有意 F[21] の表示が、そのまま無相関の検定の結果を表しています。

	係数	標準誤差	t	P-値	下限 95％
切片	14810.19	5177.368	2.860563	0.009090571	4072.982
広告宣伝費	0.244449	0.025236	9.686678	2.14748E-09	0.192114

---

19 「t 値の絶対値が 2 以上ならば、有意と判断できる」と説明しているものもあります。これは、有意水準 5％としたとき、特に自由度が 60（データ行数が 62 行）以上のデータならば、t 値が 2 以上あれば有意であると判断できるところから来ています。
　　また、自由度が 60 未満のデータでも、自由度が 10 を超える程度で、t 値が 2.1 や 2.2 と充分に 2 を超えていれば有意であると判断することができます。

20 P 値の 2.15E-0.9 は、2.15 × 10 のマイナス 9 乗という意味で、2.15 × 0.000000001、つまり 0.00000000215 とほぼ 0 ということです。巻末の付録（p.268）も参照してください。

21 「有意 F」欄は、巻末の付録（p.277）を参照してください。

この無相関の検定について、t 分布の図を使って説明します。

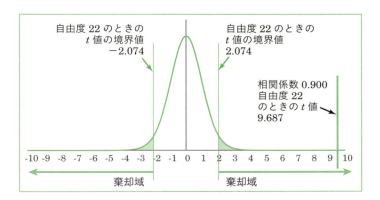

次の図は、無相関の検定を Excel のワークシートで行ったものです。

	A	B	C	D	E	F	G	H	I	J
1	年月	広告宣伝費	売上高:千円							
2	2014年4月	240,000	66,000			広告宣伝費売上高:千円				
3	2014年5月	172,000	40,000		広告宣伝費		1			
4	2014年6月	274,400	88,000		売上高:千円	0.9000385	1			
5	2014年7月	130,500	36,000							
6	2014年8月	232,000	69,000							
7	2014年9月	108,000	35,000		①	相関係数	0.900039	=CORREL(B2:B25,C2:C25)		
8	2014年10月	160,000	49,000							
9	2014年11月	148,000	44,000		②-1	データ行数	24	=COUNT(C2:C25)		
10	2014年12月	332,000	108,000		②-2	自由度	22	=G9-2		
11	2015年1月	228,000	64,000							
12	2015年2月	196,300	70,000		③-1	t値の分母	4.221555	=F4*G10^(1/2)		
13	2015年3月	116,000	41,000		③-2	t値の分子	0.43581	=(1-F4^2)^(1/2)		
14	2015年4月	172,000	62,000		③-3	t値	9.686678	=G12/G13		
15	2015年5月	88,000	39,000							
16	2015年6月	352,000	105,000		④-1	有意水準	5%			
17	2015年7月	146,000	60,000		④-2	境界値	2.073873	=T.INV.2T(G16,G10)		
18	2015年8月	300,300	80,000							
19	2015年9月	192,000	55,000		⑤	P値	2.15E-09	=T.DIST.2T(G14,G10)		
20	2015年10月	104,000	56,000							
21	2015年11月	220,000	53,000		概要					
22	2015年12月	294,000	95,000							
23	2016年1月	138,000	56,000			回帰統計				
24	2016年2月	124,000	50,000		重相関 R	0.9000385				
25	2016年3月	116,000	55,000		重決定 R2	0.8100693				
26					補正 R2	0.8014361				
27					標準誤差	9259.8636				
28					観測数	24				
29										
30					分散分析表					
31						自由度	変動	分散	測された分散	有意 F
32					回帰	1	8.05E+09	8.05E+09	93.83173	2.15E-09
33					残差	22	1.89E+09	85745074		
34					合計	23	9.93E+09			
35										
36						係数	標準誤差	t	P-値	下限 95%
37					切片	14810.186	5177.368	2.860563	0.009091	4072.982
38					広告宣伝費	0.2444493	0.025236	9.686678	2.15E-09	0.192114
39										
40					回帰係数	0.2444493	=SLOPE(C2:C25,B2:B25)			
41					切片	14810.186	=INTERCEPT(C2:C25,B2:B25)			
42										

🌱 無相関の検定で有意であるといえる相関係数の絶対値

ここで、有意であると判断することができる相関係数の絶対値はいくら以上あればよいのかを、次の表で示しておきます。簡易的にはこれを参考にしてもよいでしょう。

データ行数	有意水準 10%の場合	有意水準 5%の場合	有意水準 1%の場合
5	0.806	0.879	0.959
10	0.550	0.632	0.765
15	0.441	0.514	0.642
20	0.379	0.444	0.562
25	0.337	0.397	0.506
30	0.307	0.362	0.463
35	0.283	0.334	0.430
40	0.264	0.313	0.403
50	0.236	0.279	0.362
60	0.215	0.255	0.331
70	0.199	0.236	0.306
80	0.186	0.220	0.287
100	0.166	0.197	0.257
150	0.135	0.161	0.210
200	0.117	0.139	0.182
300	0.096	0.114	0.149

🌱 無相関の検定も実務での利用には限界がある

第3日でも説明したとおり、統計的仮説検定では、データ行数（自由度）が多ければ多いほど、有意になりやすいという特徴があります。

上記の表を見てもわかるように、データ行数によっては、相関係数の絶対値が0.1や0.2でも有意であると言えるのです。

次ページの図は、100行のデータで相関係数が0.2の散布図です。有意水準5%のとき有意であると判断できるものの、これだけ例外が多くては、意味がある関連があるとは言えません。散布図を描き、相関関係を視覚的に確認したうえで、相関の強さを相関係数そのもので、ある程度判断することも考慮しましょう。

また、予測を行う場合、予測精度に注目しましょう。日常業務を通じて、予測精度を上げていくことが、より現実的な考え方と言えます。

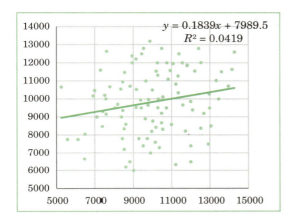

COLUMN …… よくある質問 Q&A

相関関係を探るうえで気をつけることは？

これまで、2つの変数の相関関係は、散布図や相関係数で探ることを説明しました。このときに注意する必要がある例をいくつかあげておきます。

(1) 相関関係と因果関係は必ずしも一致しない

一定以上の強い相関があると判断できる関係でも、因果関係があるとまでは言えない場合があるのです。ただし逆に言えば、2つの変数との間で因果関係があれば、相関関係があります。

次の2つのデータを基に考えてみましょう。まず、1996年〜2014年までの0〜14歳の人口推移を折れ線グラフで表しました。14歳までの人口は、年々減少していることは、データをよく見なくても、おおよそイメージできるでしょう。

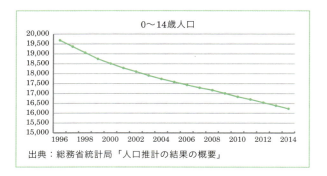

また、次のグラフは、同じく 1996 〜 2014 年までの携帯電話・PHS やスマートフォンなどの契約数の推移を示した折れ線グラフです。携帯電話やスマートフォンなどを持つ人が増えていることを考えれば、年々増加傾向にあることは、これも容易にイメージできるでしょう。

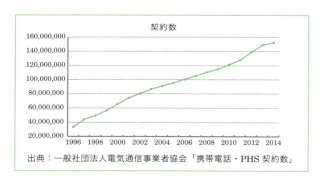

これを基に、0 〜 14 歳の人口（横軸）と、携帯電話契約数（縦軸）について、次のように散布図を描きました。なお、携帯電話契約数（縦軸）は、千件単位になっています。

14 歳までの人口と携帯電話などの契約数との散布図を見ると、右肩下がりの傾向を示しています。14 歳までの人口が多かった時期は契約件数が少なく、14 歳までの人口が少ない時期には契約件数が多かったことがわかります。

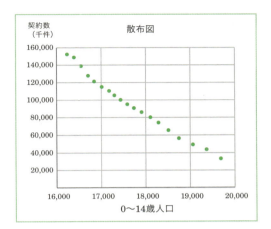

　この関係から、「少子化が進んでいるので、携帯電話やスマートフォンの生産台数を減らそう！」…と考えるのは適切ではないことはすぐわかると思います。携帯電話などの契約数と 14 歳までの人口との間に、直接因果関係があることが認められないからです。
　いろいろな時系列データをやみくもに組み合わせて分析を行い、あたかも因果関係があるかのような研究結果を公表しているのを、ニュース記事などで見かけることがあります。相関関係と因果関係は必ずしも一致しないことを理解し、そのような記事を目にしたときは、相関関係と因果関係の混同がないのかを疑ってみることから始めましょう。

(2) 相関係数は外れ値の有無による影響を受ける
　相関係数の数字だけを見て、2 変数間の関連の強さを把握しようとするのではなく、必ず散布図を描くことを覚えておきましょう。

(3) 層別するか、全体をひとまとめにするかによって傾向に違いが出ることがある
　次のページの図は、一見すると正の相関がありそうですが、実は性別により層別をすると、特に相関関係は見られないという例です。
　どのように層別するのかは、それこそ経験や業界の商慣習、企業の慣習など、ある意味力作業で決めることとなります。

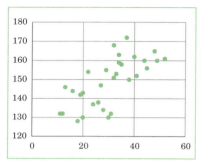
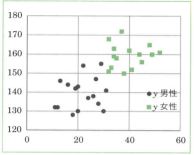

次の例は、一見、相関関係がないように見える例です。

これを性別で層別すると、女性のみの場合は正の相関があり、男性のみの場合は負の相関があることがわかります。

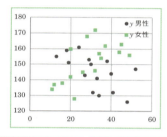

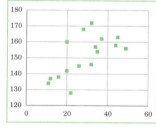
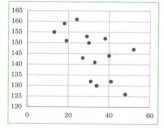

（4）全体の傾向と個別のケースを混同しない

p.143 の売上高と広告宣伝費の関係では、広告宣伝費を増やせば増やすほど、売上高が増えている傾向にあることがわかりました。しかし、どのような場合でも例外なく、広告宣伝費を増やせば売上高が増えるとは限りません。

相関関係を調べている内容があなたの専門分野でなければ、そのことに気づかないかもしれません。どのような場合でも、相関関係が弱くなればなるほど傾向の例外が多く存在することに注意しましょう。

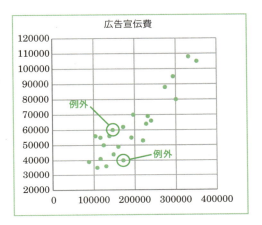

(5) 遅れて効果が見られる関係は見逃してしまう

「売上高」とその他の勘定科目との相関関係の例に戻ります。「売上高」と「交際費」との関係をもう一度見てください。次に散布図を示しました。相関係数は p.141 で求めたように、−0.725 でした。散布図も見てみると、負の相関があると言えそうです。

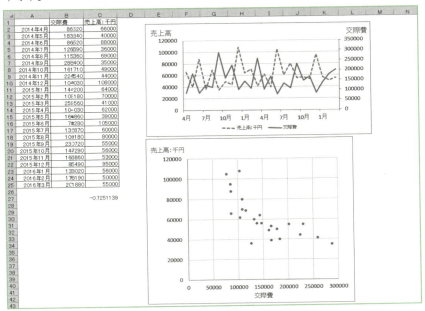

負の相関があるということは、総じて交際費が多かった月は売上高が少なく、交際費が少なかった月は売上高が多かった傾向が見られることがわかります。
　費用は『何が何でも少なくすればよい』というものではありませんが、このとき『交際費をかけている割には売上が上がっていないから、交際費削減だ！』と考えたとします。
　このデータは月ごとのデータですが、相関関係はあくまでも、月ごとに対になったデータの関連しか対象にしていません。仮に交際費が発生した月から数か月後の売上高に影響するような場合でも、相関関係だけではこうした遅れの関係を導き出してくれるわけではありません。
　このような傾向を見つけるには、ある意味「力作業」によるところが大きいのです。実際に営業担当者などが、「あの商談や接待を経て、案件が決まっている」ということがわかっていれば、その情報を具体的に分析用データに反映させるという考え方が必要です。
　相関関係に数か月間の遅れが発生しているのならば、「交際費」と「同じ月の売上高」、「交際費」と「1か月後の売上高」、「交際費」と「2か月後の売上高」……という要領で、相関係数を1つずつ求めていきます。すると、「交際費」と「3か月後の売上高」、すなわち交際費の発生から3か月遅れで売上高が発生している相関関係が、相関係数 0.892 と最も強いことがわかりました。

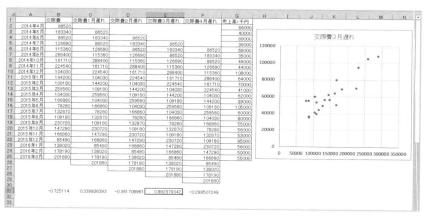

第 4 日のまとめ

　第 4 日では、説明変数が 1 つのときの回帰分析を説明しました。このことを、単回帰分析と呼びます。

　回帰式を作るには、次の 2 つの方法があります。

方　法	得られる情報
① 近似曲線の追加機能	$y = 0.2444x + 14810$ のような形で表示されます。
② データ分析ツール「回帰分析」	回帰分析実行結果のうち、切片と回帰係数が表示されるので、そこから予測をするための式を求めます。

　予測をしたい変数を目的変数と呼び、目的変数と相関関係のある説明変数を利用して予測をします。

　また、相関係数と回帰係数は、正負の符号が一致することも覚えておきましょう。

散布図	相関係数	回帰係数
右肩上がり	正の値になる	正の値になる
右肩下がり	負の値になる	負の値になる

　第 5 日では、説明変数が 2 個以上の回帰分析について説明します。

[第❺日]

重回帰分析

複数の要因を利用して予測する

1つの予測をしたい変数に対して、複数の要因によって変化していることが仮定できる場合は、重回帰分析の出番です。統計学的な注意点を考慮しながらも、売上高や利用者数（ユーザ数）、販売数量をはじめとする予測について、実務により役立つ考え方を説明します。

5.1 重回帰分析の準備

5.1.1 重回帰分析を行うのに必要なデータの型

第4日では、説明変数が1つの回帰分析である単回帰分析を使って予測を行いました。しかし、1つの変数だけで予測できる事例はまずないものです。

説明変数が2つ以上の回帰分析を**重回帰分析**と呼びます。ここでは、重回帰分析を行うために必要な準備について説明します。

第4日で説明した単回帰分析は、説明変数との相関関係の強さを利用して、目的変数を予測する式を回帰分析で作りました。

重回帰分析でも、説明変数と目的変数との相関関係がカギになります。

まず、第4日 4.1.3 の「複数の変数を一度に分析することの意義 〜多変量解析」（p.131）でも説明したように、分析の目的を明確にするところから始めましょう。複数の要因（**説明変数**）の変化を利用して1つの注目する項目（**目的変数**、多変量解析では**外的基準**）について予測をします。

重回帰分析を行うことができる要件をここで示しておきます。必要なデータの型についても触れています。

なお、この必要なデータの型とは、精度良く予測ができるかどうかではなく、回帰分析を行うことができる最低条件だと理解してください。それぞれの内容については、その都度説明していきます。

① 目的変数（予測したい項目）1つを決めましょう。
② 目的変数との相関関係が弱すぎない説明変数を（複数）採り入れましょう。
③ 説明変数同士で相関係数が 0.9 以上のように、相関関係が強すぎる組合せを解消しておきましょう（その理由は、5.2.5（p.184）で説明します）。
④ Excel のデータ分析ツール「回帰分析」で回帰分析を行う場合は、説明変数は 16 個までにしましょう（付録の p.278 で説明します）。
⑤ データ行数は、説明変数の個数＋2行以上にしましょう。説明変数が5個の場合は、7行以上のデータ行数が必要だということになります（理由は、p.179 で説明します）。

🌿 重回帰分析を実務で利用する2つの目的

実務で重回帰分析を利用する主な目的は、2つあります。

1つは、回帰分析によって求めた式を使って目的変数の値を予測することです。

もう1つは、複数の説明変数のうち、どの説明変数がより目的変数の変化に影響を与えているのかを探ります。本書ではこれを**要因分析**（よういんぶんせき）と呼ぶことにします。

5.1.2　重回帰分析実行用データの準備

🌿 目的変数を決めて、分析に採り入れる説明変数を考える

下図のデータは、チェーン展開をしている19軒の店舗データです。これで、各店舗の売上高を重回帰分析で予測してみましょう。

重回帰分析でなるべく精度良く予測を行うためには、目的変数である売上高と強い相関関係のある説明変数を選ぶことが理想的です。しかし、現実的には、複数の説明変数を分析に採り入れるとき、すべての説明変数が目的変数と強い相関関係にあり、説明変数同士で強い相関関係がない状態を確保できることはまずありません。

No.	売場面積(m^2)	所要時間(分)	駐車場台数	最寄駅の乗降人数	従業員数	売上高(千円)
1	2,562	26	83	2,540	82	137,600
2	2,653	7	48	2,000	76	120,900
3	1,803	9	64	1,540	70	96,900
4	1,363	11	46	2380	50	64,000
5	1,091	7	26	1,700	59	52,500
6	1,036	12	35	1,020	42	57,800
7	2,413	3	55	1850	39	164,500
8	2,441	2	20	2,600	101	149,900
9	1,324	1	15	1,630	66	122,800
10	2,452	6	60	2,970	92	119,300
11	1,753	2	25	1,900	45	116,000
12	2,468	4	45	3,040	53	112,100
13	3,205	14	57	3,800	55	102,800
14	1,258	5	28	1,400	63	99,000
15	2,276	7	42	2,580	92	97,800
16	1,462	5	24	2,050	102	90,700
17	774	14	30	2050	82	61,900
18	851	8	40	1,320	83	47,100
19	367	15	50	580	66	44,300

5.2.4（p.179）でも説明しますが、重回帰分析は、1つひとつの説明変数と目的変数との関係だけに注目するのではなく、説明変数のひとかたまりが、回帰式として（統計学的に）適しているかどうかを判断する必要があるのです。

しかし、やはり説明変数をある程度絞り込むための目安はほしいところです。

そこで、目的変数との相関係数を利用します。

売上高との相関係数を求めてみましょう。

データ分析ツール「相関」を利用すると、複数の変数について、すべての組合わせの相関係数を求めることができます。手順は、以下のとおりです。

① メニューバーの「データ」タブから「分析」グループの「データ分析」メニューを選択し、表示された「データ分析」ウィンドウから、「相関」を選択したら、「OK」ボタンをクリックします。

② 表示された「相関」の設定画面では、次のように設定します。
- 「入力範囲(I)」に相関係数を求めたいデータの範囲をマウスでドラッグして選択します。ここでは B1 〜 G20 セルを選択しています。このときデータラベル（変数名）も含めて範囲選択をすると、出力結果にもその変数名が反映されます。
- データラベルを含めて範囲選択をしたので、「先頭行をラベルとして使用(L)」にチェックを入れて、任意の出力先を指定します。

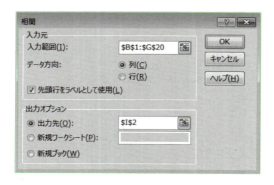

③ 「OK」ボタンをクリックすると、次のように相関係数行列が表示されます。

	売場面積(m2)	所要時間(分)	駐車場台数	最寄駅の乗降人数	従業員数	売上高(千円)
売場面積(m2)	1					
所要時間(分)	-0.040529176	1				
駐車場台数	0.446428298	0.651518471	1			
最寄駅の乗降人数	0.809893318	0.0353362	0.275456648	1		
従業員数	0.030115681	0.037903236	-0.047907738	0.184763957	1	
売上高(千円)	0.767517782	-0.285348775	0.187004662	0.458935458	0.075802131	1

まず注目するのは、目的変数である売上高との相関係数です。

特に目的変数「売上高」と弱い相関関係しかない説明変数は、相関係数 0.187 の「駐車場台数」と 0.076 の「従業員数」であるとわかりました。

また、説明変数同士で強い相関関係がある組合せは、相関係数が 0.810 の「売場面積」と「最寄駅の乗降人数」でした。

そこで、ここでは次の要領で説明変数を絞り込んでみます。

① 説明変数同士で強い相関関係にある組合せを解消するため、「最寄駅の乗降人数」か「売場面積」のどちらかを取り除く
② この2つの説明変数のうち、目的変数「売上高」と強い相関関係があるのは「売場面積」の方なので、「売場面積」を優先して使い、「最寄駅の乗降人数」を取り除く
③ 説明変数のうち、目的変数「売上高」と相関がない「従業員数」を取り除く

つまり、「売場面積」、「最寄駅からの所要時間」、「駐車場台数」の3つを説明変数として採り入れることにします。

重回帰分析で予測をする場合、説明変数が多くなると、日常業務を通じて予測の精度を検証したり、またその予測を意思決定に活かす条件がより厳しくなってきます。そうなると、かえって予測のモデルは扱いにくくなります。そのため、実務で重回帰分析による予測を行う場合には、説明変数の個数をなるべく少な目にするとよいでしょう。

🌱 回帰分析実行用データを作る

Excel で回帰分析を行うには、次ページの図のように説明変数と目的変数の列が必要です。

目的変数と説明変数は、離れた列に並んでいても問題ありません。しかし、**複数の説明変数は隣り合った列に配置しましょう**。A列とC列とE列とF列……

というような、離れた列ではデータ分析ツール「回帰分析」では指定できない仕様になっています。

ここでは、A 列はデータ番号[1]、B 列から順に「売場面積」、「最寄駅からの所要時間」、「駐車場台数」の 3 つを説明変数として配置しました。

また、E 列には、目的変数の「売上高」を配置しました。

	A	B	C	D	E
1	No.	売場面積(m²)	所要時間(分)	駐車場台数	売上高(千円)
2	1	2,562	26	120	137,600
3	2	2,653	7	130	120,900
4	3	1,803	9	190	96,900
5	4	1,363	11	70	64,000
6	5	1,091	7	40	52,500
7	6	1,036	12	80	57,800
8	7	2,413	3	80	164,500
9	8	2,441	2	30	149,900
10	9	1,324	1	100	122,800
11	10	2,452	6	150	119,300
12	11	1,753	2	120	116,000
13	12	2,468	4	90	112,100
14	13	3,205	14	180	102,800
15	14	1,258	5	30	99,000
16	15	2,276	7	80	97,800
17	16	1,462	5	30	90,700
18	17	774	14	60	61,900
19	18	851	8	70	47,100
20	19	367	15	90	44,300

🌱 いきなり未知のデータについての予測をしない

第 4 日 p.130 では、いきなり将来の予測をしないことと説明しました。一部のデータ、また時系列データの場合であれば直近のデータを使って、正解が出ているものをまず予測（推定）しましょう。

ここでは、次のデータを 1 件残して、回帰分析で予測を行います。

「売場面積」は 359 m²、「最寄駅からの所要時間」は 9 分、「駐車場収容台数」は 20 台の店舗の売上高は、57,230 千円だったというデータを、予測検証用として使います。

A	B	C	D	E
No.	売場面積(m²)	所要時間(分)	駐車場台数	売上高(千円)
20	359	9	20	57,230

---

[1] A 列のデータ番号は、なくても支障ありません。

5.2 重回帰分析を実行する

5.2.1 予測の式を求める

5.1.2でデータの準備を行い、Excelで回帰分析を行うことができるようになりました。さっそく、以下の手順で回帰分析を行ってみましょう。

① メニューバーの「データ」から、「分析」グループの「データ分析」のメニューを選択して、表示された「データ分析」のメニューから、「回帰分析」を選択して、「OK」ボタンをクリックします。

② 回帰分析の設定画面が表示されます。設定は次のように行います。
- 入力 Y 範囲（Y）：**目的変数（1列）のセルを指定します（ここではE1〜E20セル）**。
- 入力 X 範囲（X）：**説明変数のセルを指定します（ここではB1〜D20セル）**。
- ラベル（L）：**入力 Y 範囲、入力 X 範囲にデータラベルを含めて範囲選択をしたので、チェックを入れます**。

③ **出力オプションに、任意の出力先を指定**（p.68参照）**して、「OK」ボタンをクリックします**。

[第❺日] 重回帰分析 — 複数の要因を利用して予測する

回帰分析実行結果は、次のように表示されます。

ここでは、特に予測に役立つ出力部分について説明します。

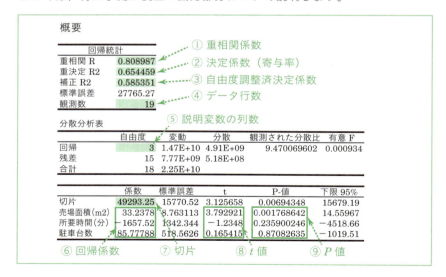

①の**重相関係数**は、単回帰分析の場合、目的変数と説明変数との相関係数の絶対値を表すと第4日 p.150 で説明しました。単回帰分析の場合はこれでよい

のですが、重回帰分析では、「基データの目的変数の値」と「説明変数からこの回帰式によって目的変数を予測（推定）した値」との相関係数の絶対値を指します。重相関係数は常に 0 〜 1 の間の値に収まり、1 に近ければ近いほど、基データと比べて当てはまりの良い回帰式であると言えます。

②の**決定係数**は**寄与率**とも呼び、説明変数により目的変数がどの程度説明できているかを意味し、重相関係数を 2 乗した値と一致します[2]。

③ の「補正 R2」とある欄は、正しくは**自由度調整済決定係数**（Adjusted R-square）と呼びます。重相関係数や決定係数は、説明変数の個数が多ければ多いほど 1 に近づき、データ行数が説明変数の個数＋ 1 行のときは、データの内容に関わらず、常に 1 になる性質があります。そこで、説明変数の個数の影響を取り除いた指標として、これを用います。5.2.4（p.179）で詳しく説明します。

④の**観測数**はデータ行数を、⑤の**回帰の自由度**は、説明変数の個数を表します。④、⑤は単回帰分析と同じです。

⑥の**回帰係数**は、例えば「売場面積」なら 33.238 です。つまり、その他の変数の値が変わらないとしたら、売場面積が 1 m^2 大きくなるにつれ、売上高は約 33,238 円増えることを意味します。重回帰分析では、**偏回帰係数**とも呼びます。

⑦の**切片**も、単回帰分析と同様、説明変数の値がすべて 0 のときの目的変数の値を表します。

このとき、「売場面積」も説明変数に採り入れていますが、『売場面積が 0 でも、売上が見込めるんだな？』と解釈するのは誤りです。あくまで基データから当てはまりの良いモデルを数学的に求めた結果にすぎません。

⑧の t 値と⑨の F 値は、5.2.3（p.176）で説明します。

---

[2] ここでは、回帰分析の設定画面で「定数に 0 を使用（Z）」という項目にチェックを入れない、つまり切片を強制的に 0 にする計算を行わないことを前提としています。
　製品や部品の測定データなどで、砂時計のように、時間の経過が 0 のときに落ちる砂の量も明らかに 0 の場合など、事例によって切片を 0 とした計算を行うかどうかを決めることがあります。しかし、本書の読者の場合は、切片を強制的に 0 にする設定をする必要は、まずないでしょう。

予測を行うには、回帰分析実行結果から、切片と回帰係数の部分を使って**回帰式**（予測をするための式）を作ります。

	係数
切片	49293.25
売場面積(m2)	33.2378
所要時間(分)	－1657.52
駐車台数	85.77788

売上高（千円）予測 ＝ 49,293.25 ＋ 33.238 ×「売場面積（m^2）」
　　　　　　　　　－ 1,657.52 ×「最寄駅からの所要時間（分）」
　　　　　　　　　＋ 85.778 ×「駐車場台数」

5.2.2　売上高の予測を行う

上記の式を使って、20番目の店舗の情報を基に、売上高を予測します。

A	B	C	D	E
No.	売場面積(m^2)	所要時間(分)	駐車場台数	売上高(千円)
20	359	9	20	57,230

売場面積が 359 m^2、最寄駅からの所要時間 9 分、駐車場収容台数が 20 台のときの売上高を、上の式から、次のように求めます。

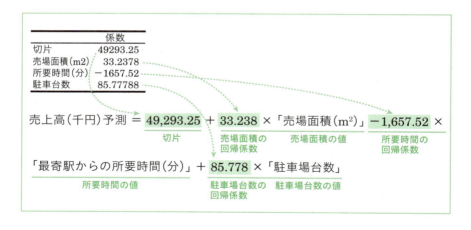

5.2 重回帰分析を実行する

これを計算すると、

$$売上高予測 = 49{,}293.25 + 33.238 \times 359 - 1{,}657.52 \times 9 + 85.778 \times 20$$
$$= 48{,}023（千円）$$

と求めることができます。

🌱 TREND 関数で新たなデータの予測値を求める

上記の計算は、Excel の **TREND 関数**で行うこともできます。TREND 関数は、ここで説明している重回帰分析で予測値を求めることができる関数です。次のように指定します[3]。

	A	B	C	D	E
1	No.	売場面積(m²)	所要時間(分)	駐車場台数	売上高(千円)
2	1	2,562	26	83	137,600
3	2	2,653	7	48	120,900
4	3	1,803	9	64	96,900
5	4	1,363	11	46	64,000
6	5	1,091	7	26	52,500
7	6	1,036	12	35	57,800
8	7	2,413	3	55	164,500
9	8	2,441	2	20	149,900
10	9	1,324	1	15	122,800
11	10	2,452	6	60	119,300
12	11	1,753	2	25	116,000
13	12	2,468	4	45	112,100
14	13	3,205	14	57	102,800
15	14	1,258	5	28	99,000
16	15	2,276	7	42	97,800
17	16	1,462	5	24	90,700
18	17	774	14	30	61,900
19	18	851	8	40	47,100
20	19	367	15	50	44,300
21					
22	20	359	9	20	57,230
23					
24					=TREND(E2:E20,B2:D20,B22:D22,TRUE)
25					TREND(既知のy, [既知のx], [新しいx], [定数])
26					

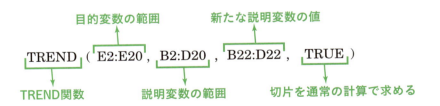

TREND(E2:E20 , B2:D20 , B22:D22 , TRUE)
- TREND関数
- 目的変数の範囲
- 説明変数の範囲
- 新たな説明変数の値
- 切片を通常の計算で求める

---

[3] 式中の「TRUE」の代わりに「1」指定としたり、省略することもできます。
　ここで FALSE または「0」を指定すると、強制的に切片を 1 としたときの結果を出力しますが、通常、使うことはまずありません。

🌱 正解の値と予測の値がかけ離れている場合の考え方

　予測検証用として使ったデータの正解は 57,230 千円に対し、回帰式で求めた売上高の予測は、48,023 千円でした。この差を求めると、約 9,200 千円が予測を上回っています。

　この事例であれば、一見、売上高が予測を上回れば『よしよし、予想以上の売上でハッピーじゃないか』と思えるかも知れません。しかし、業態や事例によっては、予測の段階でより多くの売上が想定できた場合、仕入れや人員の配置、資金繰りや融資の相談など、それなりの前準備が必要になります。ただ予測の値に一喜一憂しているばかりでは、役に立たないのです。

　かといって、実際の値と予測との間で大きな違いがある理由を明らかにしないうちから、統計手法を使った予測やデータ活用が無意味だと結論づけたり、特に不当だと言えるような理由がないのに、予測精度を理由に、予測を試みた担当者や担当部署に対する評価を行うのは、正しい姿勢ではありません。

　ただ、こうした差が生まれた理由は、必ず見つかるとは限りません。しかし、その理由を見つけようとする姿勢を持ち続けましょう。新たな説明変数を回帰分析に採り入れる必要があることが明らかになる場合があります。たとえばこの場合であれば、「新規出店した店舗だったことで初動が好調だった」、「駅からの動線がよく売上に好影響を与えている」など、実際に店舗に出向いたり、他店舗と比較を行うなどにより理由を見つけていきます。

5.2.3　より売上高に影響している説明変数はどれかを探る

　複数の説明変数のうち、どの変数が目的変数の変化に影響を与えているのかを探る、要因分析を行います。目的変数に対する影響度合いということで、本書では**影響度**と表現することにします。

　回帰分析実行結果からは、t 値の絶対値を使って影響度を求めます[4]。

　説明変数の t 値の絶対値が大きければ大きいほど、目的変数（売上高）の増減・多寡の影響度が大きいと判断します。

---

[4]　切片の t 値は、分析上では不問にします。

	係数	標準誤差	t	P-値
切片	49293.25	15770.52	3.125658	0.00694348
売場面積(m2)	33.2378	8.763113	3.792921	0.001768642
所要時間(分)	−1657.52	1342.344	−1.2348	0.235900246
駐車台数	85.77788	518.5626	0.165415	0.870826355

それぞれの説明変数の影響度は、「売場面積」は 3.793、「最寄駅からの所要時間」は 1.235、「駐車場台数」は 0.165 と判断し、影響度の最も大きな説明変数は「売場面積」、影響度の最も小さな説明変数は「駐車場収容台数」だとわかります。

t 値は、回帰分析実行結果にある回帰係数を（隣の）標準誤差で割れば求めることができるので、回帰係数と t 値との正負の符号は一致します。「最寄駅からの所要時間」の回帰係数は、負の値になっています。他の説明変数の条件が同じ場合、総じて「最寄駅からの所要時間」が 1 分多くなるごとに、売上高が約 1,657 千円減ることを意味しています。そして、回帰係数が負のため、t 値も負になっています。あくまでも回帰係数に応じた影響度合いの方向が正負で反対方向に向いているだけで、影響度合いの大きさは、t 値の絶対値で判断します。

COLUMN …… よくある質問 Q&A

影響度を Excel で直接求める方法はないのですか？

影響度を求めるには、**偏相関係数**（Partial Correlation Coefficient）という指標を使いますが、Excel ではこれを簡単に求める機能がありません。t 値を使う方が精度が良いとされていることもあり、ここでは t 値により影響度を求める方法のみを説明します。

また、目的変数への影響度は、**標準偏回帰係数**により求める方法もあります。標準偏回帰係数は、回帰分析実行用の基データを標準化して回帰係数を行ったときに求められる回帰係数のことで、これを目的変数への影響度と説明しているものもあります。

しかし、回帰分析は数値予測も大きな目的の 1 つです。データを標準化してしまうことで、予測の役に立たなくなります。そのため、目的変数への影響度は、t 値で判断する方法をお勧めします。

t 値と P 値の関係

重回帰分析で P 値とは、回帰係数が 0 である、つまり説明変数の回帰係数には意味がないという帰無仮説を基に、0 を中心とした t 分布上の両側確率を求めたものです。P 値は t 値を基に Excel の **T.DIST.2T 関数**（Excel 2007 までの場合は **TDIST 関数**）で求めることができます[5]。

統計学では慣例により、有意水準は 5％とすることが多く、このとき P 値が 0.05 未満だとその説明変数の回帰係数は有意であると判断します。

なお、t 値と P 値の大小関係はちょうど裏返しの関係があり、t 値が最も大きい説明変数は、P 値が最も小さい説明変数となります。

実務で説明変数の P 値をどのように扱うべきか？

重回帰分析では、複数の説明変数を組み合わせることにより、目的変数を説明するという大きな意義があります。

有意水準を 5％としたとき、P 値が 0.05 以上となった説明変数のことを「有意ではない」と判断しますが、その有意ではないと判断された説明変数は、回帰式になくてもよいということではありません。

説明変数の組み合わせ方によって、同じ説明変数でも回帰係数や t 値、P 値は変化します。そこで、個々の説明変数が有意かどうかよりも、どういう説明変数の組合せが回帰式としてより最適かを考えることを優先します。

重相関係数と決定係数（寄与率）の考慮すべき点

また、重相関係数は、基データの目的変数と、回帰式によって得られた推定値との相関係数の絶対値を示しています。常に 0～1 の間の値になり、1 に近ければ近いほど、回帰式の当てはまりが良いことを意味すると説明しました。

重相関係数が 1 に近ければ近いほど、回帰式は良さそうに見えます。

また、決定係数（寄与率）は、説明変数が目的変数をどれだけ説明できるのかを表すと説明しました。これも常に 0～1 の間の値になります。

しかし、重相関係数や寄与率は、次に示す性質があるため、説明変数の組合せの良し悪しを判断する指標として使うのには、限界があります。

---

[5] 第 4 日 4.3.2（p.154）で P 値を求める手順と共通しています。

① 説明変数の値に関わらず、説明変数の個数を増やせば増やすほど、重相関係数は1に近づく
② 「データ行数＝説明変数の個数＋1行」のとき、データの値に関わらず、重相関係数は常に1になる

そこで、統計学的に最適な回帰式は、すべての説明変数を使ったときなのか、またそのうち一部の説明変数だけを使ったときなのかを判断するのに、説明変数の個数という影響を取り除いた指標が必要になります。この指標を求めるには、Excelの回帰分析実行結果から、「**補正R2**」という**自由度調整済決定係数**を使います。
こうした説明変数のひとかたまりの良し悪しを判断する指標を総称して**説明変数選択規準**と呼び、自由度調整済決定係数以外にもいろいろなものが提唱されていますが、ここでは自由度調整済決定係数を使って判断することにします。

また、説明変数の個数が少なければ、実務で要求される検証・再現のしやすさにつながり、意思決定までのスピードはより早まります。

本書では、解説のために最適な回帰式を求めないうちにすべての説明変数を使って回帰式と影響度を求めました。実務では、最適な回帰式を求めてから、予測と要因分析を行いましょう。

5.2.4 統計学的に最適な回帰式を求める ～変数選択

ここでは、説明変数のひとかたまりは、どのような組合せになればよいのかを判断するための方法を説明します。

今回、チェーン店の売上高を予測する事例では、説明変数は3つありました。
3つの説明変数について、すべての組合せをあげると、次の表のように合わせて7種類あります。

		売場面積	最寄駅からの所要時間	駐車場収容台数
3変数	1	○	○	○
2変数	2	○	○	—
	3	○	—	○
	4	—	○	○
1変数	5	○	—	—
	6	—	○	—
	7	—	—	○

※○印は、採用した説明変数です。

この7種類のうち、統計学的に最適な回帰式を判断するのに、すべての組合せで回帰分析を実行する総当たり法だと確実ではあります。しかし、実務での意思決定をスピーディに行うのであれば、次に説明する**変数減少法**（Backward Elimination Method）をお勧めします。

　まず最初に、すべての説明変数を使って回帰分析を実行し、順に説明変数を1つずつ減らしていき、説明変数が1つになるまで繰り返します。これだと、説明変数が3つの場合は、回帰分析を行う回数は3回となります。

🌱 最適な回帰式を求める手順

　最適な回帰式を求める手順は、次のとおりです（上記の変数減少法を使っています）。

① すべての説明変数を使って回帰分析を実行する
② 影響度が最も小さい説明変数を取り除いて、再度回帰分析を実行する
③ 説明変数が1個になるまで、②の手順を繰り返す
④ すべての回帰分析実行結果から、「補正R2」の欄、自由度調整済決定係数を比較して、最も大きな値を示した実行結果から作る回帰式を、最適な回帰式とする

　手順①はすませたので、②に移ります。
　p.176で、3つの説明変数を使って回帰分析を実行したとき、最も小さな影響度を示したのは「駐車場収容台数」でした。
　そこで、「駐車場収容台数」を取り除いた2つの説明変数だけで、回帰分析を実行します。なお、「入力X範囲（X）」で指定できる説明変数の範囲は、連続した列にしましょう[6]。
　「入力X範囲（X）」には、「売場面積」と「最寄駅の所要時間」の2列のデータの範囲を指定します。

---

[6] 通常、Excelで離れたセル、行や列を指定する場合は、[Ctrl]キーを押しながらマウスやキーボードで指定することができます。しかしこの「回帰分析」のツールの場合は、「回帰分析入力範囲は連続している必要があります。」というエラーメッセージが表示され、分析を実行することができません。

5.2 重回帰分析を実行する

回帰分析実行結果は、次のように表示されました。

概要								
回帰統計								
重相関 R	0.808596839							
重決定 R2	0.653828947							
補正 R2	0.610557453							
標準誤差	22062.47.98							
観測数	19							
分散分析表								
	自由度	変動	分散	観測された分散比	有意 F			
回帰	2	14709622546	7354811273	15.10995569	0.000206218			
残差	16	7788042717	486752669.8					
合計	18	22497665263						
	係数	標準誤差	t	P-値	下限 95%	上限 95%	下限 95.0%	上限 95.0%
切片	49893.73606	14873.23887	3.354597913	0.004028046	18363.87817	81423.59	18363.88	81423.59
売場面積(m2)	34.14200377	6.637778733	5.143588713	9.80789E-05	20.07054146	48.21347	20.07054	48.21347
所要時間(分)	-1491.224656	862.0339947	-1.729890776	0.102889188	-3318.65509	336.2058	-3318.66	336.2058

「売場面積」と「最寄駅からの所要時間」のうち、影響度が小さいのは「最寄駅からの所要時間」ですので、次は「売場面積」だけを説明変数として、回帰分析を実行します[7]。

---

[7] 「売場面積」の P 値 "9.80789E-05" は、9.80789×10^{-5} のことで、つまりほぼ 0 です。E- の後ろは、10 の何乗かを表します（巻末の付録 p.268 を参照してください）。

[第❺日] 重回帰分析 — 複数の要因を利用して予測する

「売場面積」だけを説明変数としたときの回帰分析実行結果は、次のように表示されました。

これで、最適な回帰式を求める手順の③まで進みました。

3つの回帰分析実行結果がそろいました。手順④は、自由度調整済決定係数を比較して、一番大きな値になった結果から、最適な回帰式とします。

いままでの結果を、次の表にまとめました。

	売場面積	最寄駅からの所要時間	駐車場収容台数	自由度調整済決定係数
① 3変数	○	○	○	0.585
② 2変数	○	○	—	0.611
③ 1変数	○	—	—	0.565

182

3つの回帰分析実行結果のうち、自由度調整済決定係数を比べると、「売場面積」と「最寄駅からの所要時間」の2つを説明変数としたときが、最適な回帰式だと判断できます。最適な回帰式を使って売上高を予測する式は、次のようになります。

	係数	標準誤差	t
切片	49893.736056	14873.23887	3.354597913
売場面積(m2)	34.14200377	6.637778733	5.143588713
所要時間(分)	－1491.224656	862.0339947	－1.729890776

売上高(千円)予測 ＝ 49,893.74 ＋ 34.14 ×「売場面積(m^2)」
　　　　　　　　－ 1,491.22 ×「最寄駅からの所要時間(分)」

これに予測検証用データを当てはめると、売上高は 48,730 千円と求めることができます。

目的変数への影響度は、t 値の絶対値を比べると、「売場面積」の方が高いことがわかりました。

🌱 最適な回帰式を求めた後は

重回帰分析に限った話ではありませんが、正解のわかっているデータと回帰式による予測とを比べて、誤差が許容できる範囲であれば、将来の予測に入ります。

このとき予測値が必ず当たる、または許容できる程度の誤差に収まるとは限りません。日常業務を通じて、説明変数や予測手法の見直しの必要がないかどうかなどを検討しながら、予測精度を上げていくようにしましょう。

🌱 取り除いた説明変数の取扱い

最適な回帰式を求めるとき、取り除いた説明変数は本当に分析に必要がないのかと言えば、そうとは言い切れません。

その判断は業種や業務内容、業界の常識（すでに知られている事実など）、商慣習なども考慮して行います。

たとえばこの事例では「駐車場台数」が説明変数から取り除かれましたが、今後出店予定の店舗や、駐車場の規模拡大・縮小などの検討のため観測を続けたいということならば、むしろ説明変数として採用しつつ、分析を試みることも判断方法の1つです。

自由度調整済決定係数が負の値になったとき

最適な回帰式を求める過程で、すべての自由度調整済決定係数が負の値になってしまうのは、説明変数と目的変数との相関関係が全体的に弱すぎるため、決定係数が低すぎることが原因です。目的変数と、より強い相関関係のある説明変数を分析に採り入れられないか、検討しましょう。

なお、自由度調整済決定係数がいくつ以上あるのが理想、というような基準は特にありません。

5.2.5 説明変数同士で強い相関関係の解消を 〜多重共線性

重回帰分析で考慮しなければいけない問題の1つに、説明変数同士で強い相関関係のある組合せを解消することがあげられます。

説明変数同士で高い相関関係にある状態のことを、統計学では**多重共線性**（Multicollinearity）と呼んでいます。マーケティングなどでは、この英語から**マルチコ**と呼ばれることもあります。

説明のため、まず次のデータを見てください。ある商品の営業担当者別販売個数と粗利益、売上高を表にしています。

	A	B	C	D	E	F	G	H	I	J	K	L
1												
2		社員	販売個数	粗利益	売上高			販売個数	粗利益	売上高		
3		A社員	380	21,280	133,000		販売個数	1				
4		B社員	260	16,380	91,000		粗利益	0.994467	1			
5		C社員	340	21,420	119,000		売上高	1	0.994467	1		
6		D社員	480	28,560	168,000							
7		E社員	210	13,230	73,500							
8		F社員	330	20,790	115,500		概要					
9		H社員	580	34,510	203,000							
10		I社員	230	14,490	80,500		回帰統計					
11		J社員	300	18,900	105,000		重相関 R	1				
12							重決定 R2	1				
13							補正 R2	1				
14							標準誤差	4.47E-12				
15							観測数	9				
16												
17							分散分析表					
18								自由度	変動	分散	観測された分散比	有意 F
19							回帰	2	1.42E+10	7.06E+09	3.53657E+32	6.1E-97
20							残差	6	1.2E-22	2E-23		
21							合計	8	1.42E+10			
22												
23								係数	標準誤差	t	P-値	下限 95%
24							切片	1.6E-11	6.04E-12	2.641755	0.038450064	1.18E-12
25							販売個数	350	1.25E-13	2.79E+15	1.41945E-91	350
26							粗利益	-7.6E-16	2.22E-15	-0.34161	0.744291844	-6.2E-15

まず相関関係を視覚的に探るため、散布図を描いてみましょう。
「販売個数」と「売上高」、「粗利益」と「売上高」、そして「販売個数」と「粗利益」の3つの散布図を見てください。

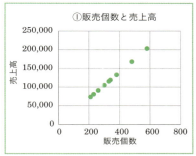
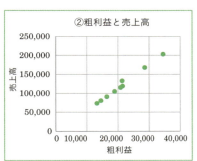
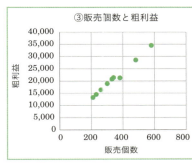

「販売個数」や「粗利益」は、「売上高」に対して右肩上がりの強い正の相関があることが確認できます。また、「販売個数」と「粗利益」の散布図を見ても、右肩上がりの傾向を示しています。

相関係数行列を見ると、「販売個数」と「売上高」との相関係数は1、「粗利益」と「売上高」との相関係数は0.994です。「販売個数」と「売上高」の相関係数が1ということは、完全に比例の状態にあります。1個あたりの販売価格は例外なく350円で販売しています。「粗利益」の相関係数が1になっていないので、何らかの事情で仕入高が変わったり、値引きをして販売した場合があったのでしょう。

本来、売れば売るほど売上高も粗利益も一定の金額が累積されてくるのは当たり前の話ですね。「販売個数」の回帰係数を見ると、350になっています。1個売るごとに350円の売上高が加算／累積される理屈に合っています。

しかし、「粗利益」の回帰係数は-7.6E-16、つまりいくら売ってもほぼ0とい

うことを意味しており、実態に合っていません。

つまりこの事例では、すべての担当者が扱った商品の販売単価は同じもので、どの担当者も粗利率に差がないということは、「販売個数」と「粗利益」で別項目となっているものの、データの数字上では同じことを表していると言えます。つまり、両方を説明変数に採り入れる必要はないということです。

「販売個数」の回帰係数が350となっていることから、「販売個数」の変数によってすでに「売上高」の増減について説明が充分できているため、わざわざ「粗利益」の変数まで使って「売上高」の説明をすることが不要だったのです。そのため「粗利益」の回帰係数がほぼ0となってしまいました。

他にも、次のような式が成り立つ場合、多重共線性が発生します。回帰分析を実行する前に、あらかじめこのような例も取り除いておきましょう。

① 「説明変数A」の値にいくらかの数字を足す／引く／掛ける／割ると、（ほぼ）「説明変数B」の値になる場合
② 「説明変数A」＋「説明変数B」＝「説明変数C」という関係にある場合

擬似相関の可能性もある

次の表は、サラリーマン17人の年齢、血圧、年収を調べたデータです。

3つの変数について相関係数行列を求め、「年齢」と「血圧」を説明変数、「年収」を目的変数としたときの回帰分析実行結果を示しました。

	A	B	C	D	E	F	G	H	I	J	K	L
1	No.	年齢	血圧	年収			年齢	血圧	年収			
2	1	22	81	283		年齢	1					
3	2	41	95	765		血圧	0.956804	1				
4	3	48	100	881		年収	0.883291	0.793076	1			
5	4	34	91	481								
6	5	31	89	519								
7	6	24	84	321								
8	7	19	78	240		概要						
9	8	30	83	713								
10	9	46	101	652		回帰統計						
11	10	35	95	542		重相関 R	0.901259					
12	11	39	99	653		重決定 R2	0.812268					
13	12	21	76	276		補正 R2	0.785449					
14	13	28	84	341		標準誤差	89.4828					
15	14	44	98	758		観測数	17					
16	15	38	96	537								
17	16	31	89	630		分散分析表						
18	17	29	88	488			自由度	変動	分散	観測された分散比	有意 F	
19						回帰	2	485029.4	242514.7	30.28718198	8.22E-06	
20						残差	14	112100.4	8007.172			
21						合計	16	597129.8				
22												
23							係数	標準誤差	t	P-値	下限 95%	上限 95%
24						切片	823.3009	605.2903	1.360175	0.195274912	-474.918	2121.519
25						年齢	32.25099	8.723061	3.69721	0.002390487	13.54189	50.9601
26						血圧	-15.0469	9.730635	-1.54635	0.14432237	-35.9171	5.8232

また次の図は、「年齢」と「年収」、「血圧」と「年収」、「年齢」と「血圧」について散布図を描いたものです。

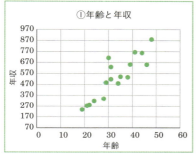
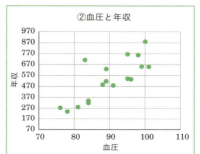
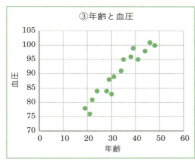

「年齢」と「年収」は相関係数が **0.883**、散布図では右肩上がりの傾向を示し、「年齢」の回帰係数は **32.251** となっています。「年齢」が増えるほど、総じて年収は上がっている傾向を示しており、おおよそ納得できる分析結果になっています。

「血圧」と「年収」との関係は、相関係数は **0.793**、散布図では右肩上がりの傾向を示しているのに、回帰係数は－**15.047** と負の値になっており、矛盾が起こっています。

相関係数と回帰係数の符号（正か負か）は、本来は一致するべきなのです。

この事例では、「年齢」という一つの要因が、「血圧」にも「年収」にも影響していたことで、あたかも「血圧」と「年収」の間にも関連があるように見えたのです。しかし、「血圧」と「年収」との間に直接的な因果関係があると解釈するには、無理があります。このような関係のことを**見せかけの相関**あるいは**擬似相関**（Spurious Correlation）と呼びます。

なお、名称は『見せかけ』『擬似』という表現をしていますが、それぞれの2つの変数間には、相関関係は存在することは理解しておきましょう。

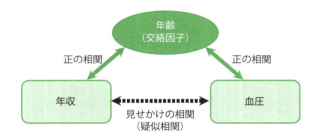

また「血圧」や「年収」それぞれに相関関係が見られる「年齢」にあたる要因のことを統計学では**交絡因子**（Confounder、Confounding Factor）あるいは**交絡変数**（Confounding Variable）と呼びます。

🌱 多重共線性の簡単な発見方法

多重共線性を比較的簡単に発見できる方法を、以下にあげておきます。

(1) 目的変数との相関係数と回帰係数の符号が一致しているかどうかを見る

本来は、目的変数との相関係数と、回帰係数の符号は必ず一致するものです。

説明変数同士に高い相関関係があると、結果が不安定になり、該当する説明変数について、相関係数と回帰係数の符号が異なることがあります。

説明変数同士の相関係数が1または−1に近く、相関係数と回帰係数の符号が異なっている場合は、多重共線性を容易に発見することができます。

(2) VIFまたはトレランスを求める

VIF（Variance Inflation Factor、**分散拡大要因**）または**トレランス**（Tolerance、**許容度**）という指標を使って、それぞれの説明変数について多重共線性の有無を判断する方法もあります。RやSPSSなどの統計解析ソフトでも求めることができます。

VIFは次のように求めます。VIFが特に10以上のとき[8]、多重共線性の疑いがあると考えられます。

---

[8] VIFが10以上のとき：逆算すると、決定係数が0.9以上のときと同じになります。

$$\mathrm{VIF} = \frac{1}{1-決定係数}$$

　説明変数が 2 つの場合、説明変数①と説明変数②のいずれかを目的変数、もう一方を説明変数と置き換えて、求めた決定係数（寄与率）を上の式に当てはめます。

　説明変数が 3 つ以上の場合、例えば説明変数①を目的変数、説明変数②、③、…を説明変数と置き換えて求めた決定係数を説明変数①の VIF として、上の式に当てはめます。説明変数②の VIF を求める場合は、説明変数②を目的変数、説明変数①、③、…を説明変数と置き換えて、決定係数を求めます。

求める VIF	目的変数と置くもの	説明変数と置くもの
説明変数①	説明変数①	説明変数②・説明変数③
説明変数②	説明変数②	説明変数①・説明変数③
説明変数③	説明変数③	説明変数①・説明変数②

　また、トレランスは一般的には、0.1 以下だと多重共線性が発生していると判断しますが、トレランスは VIF の逆数なので、VIF とトレランスの両方を求める必要はありません。

$$トレランス = \frac{1}{\mathrm{VIF}}$$

　p.184 の「販売個数」と「粗利益」、「売上高」の事例の場合、「販売個数」と「粗利益」との間で決定係数を求めると 0.989 で、VIF を計算すると 90.619 となります。「販売個数」と「粗利益」との間には、多重共線性が発生しているだろうと判断できます。

多重共線性の主な解消方法

多重共線性が発生していることがわかったら、次の方法で解消しましょう。

(1) 多重共線性が発生している説明変数の一方を取り除く

　最も簡単かつ確実な解消方法は、相関が高い説明変数の組合せのうち、一方の説明変数を取り除いてしまうことです。実務上、これでほぼ解決できます。

　p.184 の事例、「販売個数」と「粗利益」のデータでは、このどちらか一方を取り除くことで分析を進めることができます。どちらの説明変数を取り除いても問題ありませんが、「販売個数」対「売上高」で訴求するのか、また「粗利益」

対「売上高」で訴求するのか、というように説明・発表の目的や意味から考えるとよいでしょう。

(2) 多重共線性が発生している説明変数同士を併合する

第4日の相関係数を求めた事例のように、損益計算書の変動費と売上高や経常利益などのデータがあるとします。どの変動費が粗利益に影響しているかを探る場合で考えてみましょう。

「粗利益」を目的変数とし、「給与」「法定福利費」「消耗品費」「旅費交通費」「通信費」を説明変数としたとします。このとき、「通信費」と「旅費交通費」で多重共線性が発生していたとします。

これらの費用は、いずれもおおむね営業活動のボリュームに応じて発生するものであると判断できる場合は、意味合いから考えてこれらの科目は合算して1つの変数として扱っても差し支えないでしょう（営業活動のボリュームに無関係な通勤手当を、旅費交通費から除外するかどうかは、ここでは不問にします）。

5.2.6　採用する説明変数についてさらに考える

ここで、「最寄駅からの所要時間」と「売上高」の組合せに注目します。下の散布図を見てください。

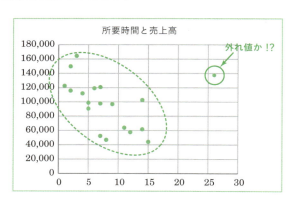

No.1の「最寄駅からの所要時間」が26分、売上高137,600千円のデータ以外の集団を見ると、右肩下がりの傾向、すなわち最寄駅から所要時間がかかる店舗では、最寄駅から近い店舗と比べて、売上高が総じて低い傾向があることがわかります。

5.2 重回帰分析を実行する

　このNo.1のデータは、外れ値のように考えられます。外れ値は分析から取り除くという判断も簡単な方法ですが、ここはもう少し深く考えていきます。
　最寄駅から所要時間がかかるのに、売上高の傾向が他の店舗と違って大きいことに注目しましょう。No.1の店舗は、他の集団と異なる傾向があることを利用して、「郊外店舗」かどうかという変数を1つ加えて分析してみます。
　「郊外店舗」に関する変数を回帰分析という分析ができるよう、回帰分析実行用データは、以下のように作ります。

	A	B	C	D	E	F
1	No.	売場面積(m²)	所要時間(分)	駐車場台数	郊外店舗	売上高(千円)
2	1	2,562	26	83	1	137,600
3	2	2,653	7	48	0	120,900
4	3	1,803	9	64	0	96,900
5	4	1,363	11	46	0	64,000
6	5	1,091	7	26	0	52,500
7	6	1,036	12	35	0	57,800
8	7	2,413	3	55	0	164,500
9	8	2,441	2	20	0	149,900
10	9	1,324	1	15	0	122,800
11	10	2,452	6	60	0	119,300
12	11	1,753	2	25	0	116,000
13	12	2,468	4	45	0	112,100
14	13	3,205	14	57	0	102,800
15	14	1,258	5	28	0	99,000
16	15	2,276	7	42	0	97,800
17	16	1,462	5	24	0	90,700
18	17	774	14	30	0	61,900
19	18	851	8	40	0	47,100
20	19	367	15	50	0	44,300
21						
22	20	359	9	20		57,230

　郊外店舗に該当していれば「1」、該当していなければ「0」を当てはめます。No.1の店舗を「郊外店舗」と扱って、「売場面積」、「最寄駅からの所要時間」、「駐車場収容台数」、「郊外店舗」の4つの説明変数で、目的変数である「売上高」を予測することを試みます。
　この「郊外店舗か否か」のような、数値で表すことのない変数をカテゴリーデータ、あるいは質的データ、定性データ（定性的なデータ）と呼びます。そして、このようなデータについて、数値で表す変数のことを**ダミー変数**（Dummy Variable）と呼びます。
　このデータを基に回帰分析を実行します。設定画面は、次のように設定します。
　「入力Y範囲（Y）」には、「売上高」の列F1～F20のセルを指定します。
　「入力X範囲（X）」には、「売場面積」から「郊外店舗」の列B1～E20のセルを範囲指定します。

データラベルも含めて範囲指定しているので「ラベル (L)」にチェックを入れ、任意の出力先を指定（p.68 を参照）して、「OK」ボタンをクリックします。

回帰分析実行結果は、次のようになりました。

概要								
回帰統計								
重相関 R	0.908509							
重決定 R2	0.825389							
補正 R2	0.7755							
標準誤差	16751.01							
観測数	19							
分散分析表								
	自由度	変動	分散	観測された分散比	有意 F			
回帰	4	1.86E+10	4.64E+09	16.54450008	3.35E-05			
残差	14	3.93E+09	2.81E+08					
合計	18	2.25E+10						
	係数	標準誤差	t	P-値	下限 95%	上限 95%	下限 95.0%	上限 95.0%
切片	79960.07	14257.6	5.608241	6.45146E-05	49380.55	110539.6	49380.55	110539.6
売場面積 (m2)	24.56784	6.860164	3.581233	0.003008467	9.854257	39.28143	9.854257	39.28143
所要時間 (分)	-4487.85	1249.043	-3.59303	0.002938824	-7166.79	-1808.92	-7166.79	-1808.92
駐車場台数	157.8283	382.0619	0.413096	0.685793521	-661.613	977.2697	-661.613	977.2697
郊外店舗	98281.58	26548.27	3.701996	0.002367903	41341.21	155222	41341.21	155222

「郊外店舗」の変数も入れて回帰分析を実行すると、自由度調整済決定係数は 0.776 になり、これまでの分析結果のうち、最も高い値を示しました。

ここから最適な回帰式を求める手順に従って、4 つの説明変数のうち最も影響度の低い「駐車場収容台数」を取り除いて回帰分析を実行すると、「売場面積」、「所要時間」、「郊外店舗」の 3 つを説明変数としたときが、統計学的に最適な回帰式であると判断できました。

5.2 重回帰分析を実行する

```
概要

      回帰統計
重相関 R        0.907337
重決定 R2       0.82326
補正 R2         0.787912
標準誤差        16281.35
観測数              19

分散分析表
              自由度    変動       分散       観測された分散比   有意 F
回帰             3    1.85E+10  6.17E+09   23.2901 6633    6.74E-06
残差            15    3.98E+09  2.65E+08
合計            18    2.25E+10

              係数      標準誤差     t          P-値         下限 95%    上限 95%    下限 95.0%   上限 95.0%
切片          80887.75  13684.87   5.910743   2.85982E-05  51719.14  110056.4   51719.14   110056.4
売場面積(m2)    26.27651   5.319506  4.939653   0.000178053  14.93826   37.61477   14.93826    37.61477
所要時間(分)   -4166.58   949.9686 -4.38602    0.00053159   -6191.39  -2141.77   -6191.39   -2141.77
郊外店舗       97722.92   25770.4   3.79206    0.00177176   42794.6   152651.2   42794.6    152651.2
```

ここで、すべての説明変数の値が **0.1％台、またはそれ以下の小さな値**を示していますが、参考までに最適な回帰式を求める手順に従って、ここから影響度の最も小さい「郊外店舗」を取り除いて、回帰分析を実行してみました。

```
概要

      回帰統計
重相関 R        0.808597
重決定 R2       0.653829
補正 R2         0.610557
標準誤差        22062.47
観測数              19

分散分析表
              自由度    変動       分散        観測された分散比   有意 F
回帰             2    1.47E+10  7.35E+09   15.10995569    0.000206
残差            16    7.79E+09  4.87E+08
合計            18    2.25E+10

              係数      標準誤差     t          P-値         下限 95%    上限 95%    下限 95.0%   上限 95.0%
切片          49893.74  14873.24   3.354598   0.004028046  18363.88   81423.59   18363.88   81423.59
売場面積(m2)    34.142    6.637779   5.143589   9.80789E-05  20.07054   48.21347   20.07054   48.21347
所要時間(分)   -1491.22   862.034  -1.72989    0.102889188  -3318.66   336.2058   -3318.66   336.2058
```

さらに、この 2 つの変数のうち、影響度が小さい「最寄駅からの所要時間」の変数を取り除いて、回帰分析を実行しました。

```
概要
  回帰統計
重相関 R    0.767518
重決定 R2   0.589064
補正 R2     0.564912
標準誤差    23319.6
観測数           19

分散分析表
          自由度    変動      分散     観測された分散比  有意 F
回帰          1   1.33E+10  1.33E+10    24.37094007  0.000125
残差         17   9.24E+09  5.44E+08
合計         18   2.25E+10

              係数      標準誤差       t       P-値      下限 95%   上限 95%   下限 95.0%  上限 95.0%
切片        36671.21   13485.89   2.719228  0.01457535  8218.466  65123.96  8218.466  65123.96
売場面積(m2) 34.60739   7.010236   4.936693  0.00012512  19.81708  49.39769  19.81708  49.39769
```

4つの回帰分析実行結果から、自由度調整済決定係数を比較したものが次の表です。

	売場面積	最寄駅からの所要時間	駐車場収容台数	郊外店舗	自由度調整済決定係数
① 4 変数	○	○	○	○	0.776
② 3 変数	○	○	—	○	0.788
③ 2 変数	○	○	—	—	0.611
④ 1 変数	○	—	—	—	0.565

🌱 郊外店舗を加味した回帰式の作り方

p.193 の「売場面積」、「最寄駅からの所要時間」、「郊外店舗」の 3 つの変数を説明変数に採り入れ、売上高を予測するときの回帰式は、回帰分析の実行結果から、次のように式を作ります。

売上高(千円)予測 = 80887.75 + 26.27651 × 売場面積(m^3)

$$-4166.58 \times 所要時間(分) + \begin{bmatrix} 97722.92 & （該当する） \\ 0 & （該当しない） \end{bmatrix} \text{郊外店舗}$$

「郊外店舗」は該当する店舗のデータ（行）を 1、該当しない店舗のデータ（行）を 0 としました。そこで、予測の際、郊外店舗に該当する店舗の場合は「郊外店舗」の回帰係数を足しましょう。

COLUMN ······ よくある質問 Q&A

途中で在庫切れになった場合はどう予測すればいいのですか？

販売個数や売上高などを目的変数とした場合、在庫切れになってしまった場合に、注意が必要です。

例えば、8月15日（月）の販売個数が20個だったとします。このとき、20個売ったところで在庫切れになり、商品の補充がされなかった場合、もし商品がもっと在庫してあれば、より多く売れていたかもしれません。

しかし、在庫がもっとあった場合を想定することは簡単ではありません。ただ、その想定の方法が、まったくないわけではありません。

そこで、次にあげるような方法で、在庫0になった日のデータについて、補正をする方法を提案します。ここでは売上個数を対象にしていますが、金額の場合でも、同様の方法で考えてもよいでしょう。

【方法A】
① 在庫切れを起こした日のデータを、仮に予測用データとして除けておく
② 残った基データで、在庫切れを起こした日の売上個数の予測をする
③ ②で得られた予測値を、在庫切れを起こした日のデータとして、基データに含める

ただし、③の予測値を、第5日で説明した重回帰分析で求めると、線形の分析であるため、誤差が大きければ大きいほど、在庫切れを起こした時点の販売個数を著しく上回ったり、また逆に下回ったりするような、ありえない結果になる場合があります。

これでは予測に使えないので、次の方法Bも検討してみるとよいでしょう

【方法B】
① 在庫切れを起こした時刻を調べる（わからない場合は推定する）
② 開店時間からの累積売上個数のデータを集める
③ 第6日で説明する外挿の方法で、在庫切れになったと考えられる時間から閉店時間までの累積売上個数を外挿する

(((コレ重要！)))
時系列データの予測にあたっては、いきなり将来の予測を行ってはいけません。あくまでも直近のデータを予測検証用に使い、予測精度を確かめたうえで将来の予測に入りましょう。

[第❺日] 重回帰分析 —複数の要因を利用して予測する

第5日のまとめ

説明変数が2個以上の回帰分析のことを、重回帰分析と呼びます。
重回帰分析の主な目的は、予測と要因分析の2つです。

① 目的変数（予測をしたい変数）と相関関係が弱くない（複数の）説明変数を基に予測
② 複数の説明変数のうち、どの説明変数が目的変数の増減に、より影響を与えているかを探る要因分析

また、重回帰分析の主な注意事項は、次のとおりです。ただし、予測がより当たりやすくなるということではありません。あくまでも、重回帰分析を行うことができる必要条件だと理解しておいてください。

① 目的変数と相関係数が低くない変数を説明変数に採用する
② Excelのデータ分析ツールで回帰分析を行う場合は、説明変数は16個まで
③ データ行数は、説明変数の個数＋2行以上必要　　→ p.179
④ 説明変数同士で相関関係の強すぎる組合せは、あらかじめ解消してく
　　→ p.184　5.2.5 説明変数同士で強い相関関係の解消を〜多重共線性
⑤ 自由度調整済決定係数は正の値であることを確認する
　　→ p.184　自由度調整済決定係数が負の値になったとき

第6日は、時系列データの外挿について説明します。第4日、第5日で説明した回帰分析の知識を借りるので、もし途中で回帰分析を使った説明でわからなくなったら、いつでも第4日や第5日に戻ってきてください。

[第❻日]

時系列分析

時系列変動のデータ分析と予測

これまでは、説明変数の情報を加味した予測について説明しました。
ここからは、時系列データを対象に、予測したい項目の推移だけを使った予測について説明します。
さらに、時系列データの予測を行うときの注意点についても触れておきます。

6.1 外挿の考え方

6.1.1 予測したい項目を決めて、グラフにすることから始まる

🌱 外挿のゴールデンルール

　第4日から第5日では、回帰分析による予測を行いました。

　ここからは、予測したい項目が、過去に直線や曲線の推移を示す時系列データの場合の予測方法を説明します。このような時系列データの場合、その傾向が将来もそのまま続くことを前提に、数値予測を行います。

　時系列データによる予測は、当然、現在はない将来のデータ、すなわちデータの範囲外の予測になります。これを**外挿**(がいそう)と呼びます。

　繰り返しますが、あくまでも過去の直線や曲線的な傾向がそのまま将来にわたって継続して起こることを前提に予測していくことを念頭に置きましょう。

🌱 時系列データのグラフ化は折れ線グラフで

　第2日でも説明しましたが、時系列データの推移をグラフで表すには、一般に折れ線グラフを使います。

　データは年ごと、月ごと、日ごとなどの単位で測定または集計して推移を探りますが、なるべく細かい単位で集めておくことが理想です。もし、日ごとのデータが集まっているとき、月別のデータが必要ならば日ごとのデータを月で集計すれば良いですし、もっと細かい時間・分といった単位のデータがあれば、活用範囲の幅はさらに広がるでしょう。このようなデータの単位の細かさのことを**データの粒度**(りゅうど)と呼ぶことがあります。

　日ごと、月ごと、四半期ごと、また担当者や部署別、部門別などのように**層別**(そうべつ)して試行錯誤しながら予測を試みることが必要です。

6.1.2　時系列データの推移の特徴

　過去の推移だけを利用した予測では、その推移をグラフで表したとき、大まかに言えば直線的な傾向を示すものと曲線的な傾向を示すものに分かれます。

　また、時系列データの中には、年間（12 か月間）の周期性や季節性が見られるデータがあるかもしれません。それはデータをつぶさに見るまでもなく、業界の特徴として、すでに浮き彫りになっていることもあるでしょう。

　これらのことを含めて、時系列データのパターンを次のようにまとめました。ここに示すパターンが単独に現れるばかりでなく、多くの場合はいくつかが複数同時に現れます。

① **傾向変動**（Trend Variation、トレンド）……直線的・曲線的な変化が見られる変動[1]。
② **循環変動**（Cyclical Variation、サイクル）……周期性が見られる変動。
③ **季節変動**（Seasonal Variation）……12 か月間の周期性の中で、季節によって毎年一定の変化が見られる変動。
④ **不規則変動**（Irregular Variation）……以上の 3 つには当てはまらない変動。新たな施策の実施や終了に伴う変化、自然災害の発生など

　この中で、特に①の直線的また曲線的な変化の傾向を示すデータについては、6.2（p.200）以降で、また①と③については、6.3.7（p.227）で特に採り上げ、②の扱いについても、第 6 日全体で理解できるように説明します。

　なお、第 6 日の多くは、第 4 日・第 5 日で説明した回帰分析の内容が理解の手助けになります。特に、6.3（p.210）の一部では、第 5 日の重回帰分析の部分を復習しておくと、より理解が深まるでしょう。

　そして、予測が当たらない（予測精度が良くない）というときは、④の不規則変動がないかを経験や業界の動向、行政の施策の有無や変更などにも注目しましょう。

---

[1] 本書では、直線的変化、曲線的変化が見られるデータを基に行う予測を、それぞれ「直線予測」、「曲線予測」と呼ぶことにします。

6.2 外挿1
～直線の傾向を利用する（直線予測）

6.2.1 折れ線グラフで傾向を確認する

現在までの変化の特徴について、ここでは直線的に変化する例で説明します。

直線的に変化するということは、増える量または減る量にあまり変化がない場合に限られます。

次のデータは、データを記録してから1～7日目について、日ごとの売上個数を表すデータです。傾向を視覚的に探るため、折れ線グラフも示しておきます。第2日で説明したように、時系列データの推移を示すのには、折れ線グラフを使うのが一般的です[2]。

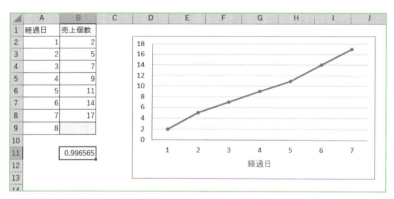

上図から、ほぼ直線的な伸びを示していることがわかります。

なお、横軸の単位は経過日（日にちが単位）になっていますが、月や年、四半期、週などでも応用できます。また、予測の対象となるのは、数量の実数ばかりではなく、累積数量・残存数量も対象にしてよいでしょう。

経過日と売上個数との相関係数をみると、0.995とほぼ直線的な傾向を確認することができます。

直線予測は、このような直線的な増加または減少の傾向をさらに先へ伸ばすこ

---

[2] 折れ線グラフを描くときの範囲選択は、ここではA列の経過日まで範囲選択すると、経過日の1～7の数字まで折れ線に反映されてしまいます。「日」などの単位を付けるか、第2日のp.50で説明する方法で解決しましょう。

とで予測をする方法です。相関が強くない（直線的ではない）関係のデータなのに、こうした予測を行って予測値を求めても、その予測はまず当たらないでしょう。また、仮に当たったとしても、それはただの偶然でしかありません。そもそも、どのように予測を求めたのかという説明がつきません。

Excelで直線予測を行うにはいくつかの方法があります。ここでは、3つの方法を説明します。

① グラフから近似曲線の追加機能を使って式を求める
② データ分析ツール「回帰分析」で式を作るための切片と回帰係数を求める
③ TREND関数やFORECAST.LINEAR関数で予測値を求める

6.2.2 近似曲線の追加機能で予測をするための式を求める

まずは、予測のための式を作成しましょう。式の作成には、「近似曲線の追加」機能を使用します。

① 折れ線グラフの折れ線の部分で右クリックします。
② 表示されたメニューから「近似曲線の追加（R）」を選択→「線形近似（L）」を選びます。
③ 「グラフに数式を表示する(E)」と「グラフに R-2 乗値を表示する(R)」にチェックを入れます。

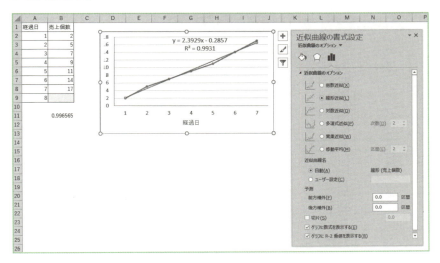

経過日1〜7日目の販売個数の推移から、8日目以降を予測する式は、次のように求められました。

$$y = 2.3929x - 0.2857$$

これは結局、経過日を説明変数として、第4日で説明した**単回帰分析**を行っています。式にある 2.3929 が**回帰係数**、-0.2857 が**切片**にあたります。
決定係数（寄与率） は、前ページの図中に R^2 で表されている 0.9931 だということがわかります。

この式から、予測をする式を次のように表しましょう。

売上個数（予測）＝ $2.3929 ×$ 経過日 $- 0.2857$

8日目の売り上げ個数の予測は、経過日に8を当てはめて（代入して）、18.857……、約19個と予測することができます。

なお、将来の値がいくらになるのかを折れ線グラフで確認する方法があります。基データは経過日1から7までがあり、8日目を予測するので、基データのさらに前方1区間を補うという意味で、「近似曲線の追加」機能の「前方補外（**F**）」に「1」を手入力すると、自動的に、1区間先の値がグラフに反映されます。

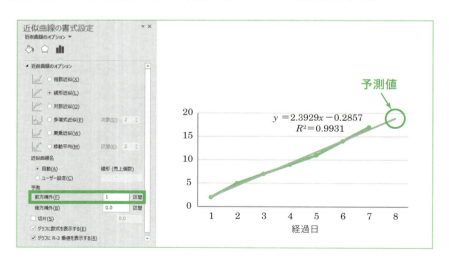

6.2.3 データ分析ツール「回帰分析」で切片と回帰係数を求める

第 4 日では、単回帰分析をデータ分析ツール「回帰分析」でも行っています。以下の手順で、切片と回帰係数が出力結果に表示されるので、これらのセルを参照して、簡単に予測の値を求めることができます。

① メニューバーの「データ」タブから「分析」グループの「データ分析」のメニューを選択します。
② 表示された「データ分析」ウィンドウから、「回帰分析」をクリックして選択します。
③ 「OK」ボタンをクリックします。

そこで表示された「回帰分析」の設定画面では、次のように選択します。

時系列データは、時間によって予測をしたい項目（目的変数）が変化するというところから、時間の項目（ここでは「経過日」）を説明変数と扱って、回帰分析を実行します。

- 入力 Y 範囲（Y）：**予測したい変数の列を指定します**（「売上個数」B1 〜 B8 セル）
- 入力 X 範囲（X）：**時間の列を指定します**（「経過日」A1 〜 A8 セル）
- ラベル（L）：**チェックを入れます**
- 出力オプション：**任意の出力先を指定します**（p.68 参照）

設定がすんだら、「OK」ボタンをクリックします。

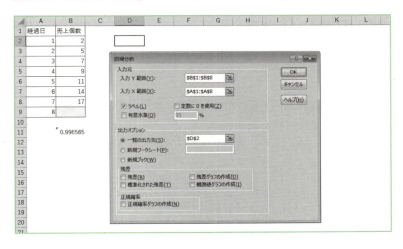

回帰分析実行結果は、次のように表示されます。

概要							
回帰統計							
重相関 R	0.996565						
重決定 R2	0.993142						
補正 R2	0.99177						
標準誤差	0.470562						
観測数	7						

分散分析表						
	自由度	変動	分散	観測された分散比	有意 F	
回帰	1	160.3214	160.3214	724.0322581	1.33E-06	
残差	5	1.107143	0.221429			
合計	6	161.4286				

	係数	標準誤差	t	P-値	下限 95%	上限 95%	下限 95.0%	上限 95.0%
切片	-0.28571	0.397697	-0.71842	0.504658442	-1.30803	0.7366	-1.30803	0.7366
経過日	2.392857	0.088928	26.90785	1.32588E-06	2.164261	2.621453	2.164261	2.621453

回帰分析実行結果から、切片は−0.2857、回帰係数は2.3929なので、この情報をp.202で示したように予測のための式として利用できます。

6.2.4 関数で予測値を求める

Excelでは、こうした直線的な傾向を示すデータについて、関数で予測の値を求めることができます。

TREND関数や**FORECAST.LINEAR関数**（Excel 2013までは**FORECAST関数**）で予測値を求める方法について、ここで説明します。

TREND関数は、重回帰分析によって新たな説明変数の値を当てはめて、予測値を求める関数です。

FORECAST.LINEAR関数（Excel 2013まではFORECAST関数）は、単回帰分析によって新たな説明変数の値を当てはめて、予測値を求める関数です。

それぞれの関数では、次のように指定することで、両方の関数で同じように予測値を求めることができます。

6.2 外挿1～直線の傾向を利用する（直線予測）

	A	B	C
1	経過日	売上個数	
2	1	2	
3	2	5	
4	3	7	
5	4	9	
6	5	11	
7	6	14	
8	7	17	
9	8		
10			
11		0.996565	=CORREL(A2:A8,B2:B8)
12			
13		18.85714	=TREND(B2:B8,A2:A8,A9,TRUE)
14		18.85714	=FORECAST.LINEAR(A9,B2:B8,A2:A8)
15			

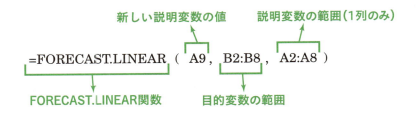

第4日では単回帰分析、第5日では重回帰分析について説明しました。

回帰分析の流れや注意点を理解できたら、あとはこれらの関数を使えば、予測値は簡単に求めることができます。

---

[3] ここでTRUEまたは1を指定すると、切片を通常どおり求めます。FALSEまたは0を指定すると、切片は強制的に1として計算されます。実務では、FALSEまたは0を指定するケースは、まずありません。

🟢 フィルハンドルコピーの話

基データが、この経過日のように、「1」、「2」、「3」……から順に配置されている場合、直線予測で将来の値を出力するだけであれば、**フィルハンドルコピー**の操作で求めることもできます。

① 基データから範囲選択をします。すると、範囲選択をした部分の右下にあるマウスのポインタの形が黒いプラスに変化します。

② 下左図のような形になったら、そのまま下方向にマウスをドラッグして手を離すと、そのまま直線的な傾向の延長線上にある値を求めることができます。

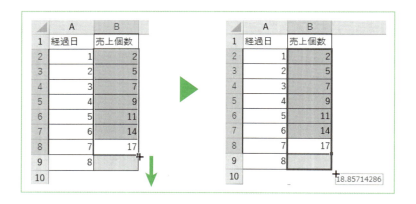

18.857 と求められますが、この値はこれまでに説明した、経過日を説明変数、売上個数を目的変数とした単回帰分析を行っています。そして説明変数に 8 を当てはめて予測値を求めた結果を表示しています。

COLUMN …… よくある質問 Q&A

時間の単位はいくらにすればよいですか？

先日、筆者が担当したセミナーが終わったあと、名刺交換とともに受講者から次のような質問をいただきました。

> 「四半期ごとの売上データが手もとにあるんですが、月ごとの予測を出したいんですよ。どうすればいいのかと思って今日受講しに来ました。」

ここで肝心なのは、手もとにあるデータの粒度です。まずは、報告や管理などために四半期ごとになってるデータの基があるか、つまり月や日ごと、または1件ごとに売上が記録できているかどうかを確認しましょう。

1件1件の売上データなど、もっと細かい単位でデータがあるのならば、必要に応じて四半期よりももっと細かい単位で集計をして、分析・予測を行えばよいのです。

しかし、一度、年ごとや四半期ごとのような大きな単位で集計してデータを統合してしまったら、どのような方法を使ってもそこから月ごとや日ごとの単位で分析・予測はできません。手もとにより細かい単位のデータを持つこと、またはすぐに参照できるようにしておくことが大切なのです。

これから予測を始める場合、小売店で、毎日一定以上の数が売れているのならば、日ごとの予測も有効でしょう。しかし、月に数件しか売れないのならば、月ごとの予測でもよいかもしれません。季節性があるのかどうかも考慮しましょう。ただ、月ごとに数件しか売れなくても、その「数件」が、曜日や天候など、日の特性によって変わるのならば、やはり日ごとのデータが必要でしょう。

さて、下図を見てください。この四半期の売上個数のデータを基に、次の四半期の予測をしようとしています。

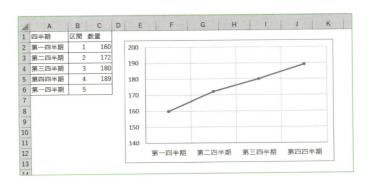

この傾向を見ると、どうやら直線的な伸びを示しています。このデータを基に、翌第一四半期を予測してみます。

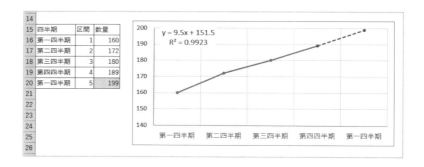

現第一四半期から第四四半期までの推移を見ると直線的な伸びを示していることから、翌第一四半期を直線予測してみると、199個だと予測できました。

ここで、この四半期ベースのデータを、月別に直し次のようになったとします。

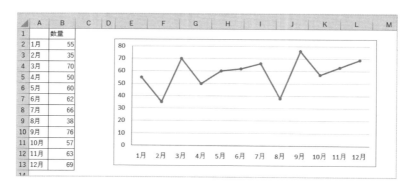

四半期ごとのデータと比べて、異なる推移が見られました。

また、2年間の推移を見てみると、2月と4月と8月には売上が減り、3月や7月、9月、12月には売上が増えていることがわかります。

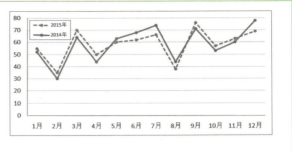

　このように、年間を通じて周期性があり、季節性もあるようなデータの場合は、始めに予測した翌四半期の 199 個という数値は当たらないかもしれません。ここでは具体的な説明を省略しますが、「年」と「月」を説明変数に採り入れた回帰分析を実行することも、方法の 1 つでしょう。

　これまでに売上推移を頻繁に目にしていたならば、経験からこのように周期性や季節性の傾向を把握していたことでしょう。そのように把握したことを、分析に活かさない手はないのです。

　月や四半期など時間の情報を「説明変数」と考えると、第 4 日から根底に流れているコンセプトは、精度の高い予測を行うため、説明変数の選び方にかかっているのです。

次は、曲線的な傾向を示すデータの予測に入ります。

6.3 外挿2
～曲線の傾向を利用する（曲線予測）

6.3.1 変数変換とは ～曲線の傾向を示すデータの場合

　ここでは、曲線の傾向を示すデータの外挿について説明します。曲線の傾向を示すということは、直近になればなるほど増加や減少の傾向が大きくなったり、また逆に増加や減少の傾向が小さくなっていく推移を示します。

　実数をベースにする場合ならば、増減を繰り返すことも考えられるでしょう。これは特に、累積数や残存数を対象にした場合などに見られるものです。こうした傾向を予測に採り入れるのです。

　曲線の傾向を示すデータでも、「経過日」など時間を表す値や、予測したい項目の値をルールに基づいて変換することで、計算の過程で直線的に扱って外挿を行うことができます。これを**変数変換**と呼びます。

　具体的には、Excel のグラフ機能で、近似曲線の追加機能から様々な近似の方法を選ぶだけで、簡単に式を得ることができます。しかし、せっかく第 4 日から回帰分析を学んできたのですから、変数変換の理屈を理解し、予測値を簡単に計算で求めることができるようになりましょう。

　なお、ここでは近似曲線の追加機能で近似できる、指数近似、累乗近似、対数近似、多項式近似について説明します。どの近似方法を選ぶのかは、以下の 2 つの考え方に基づいて決めましょう。

① 外挿したあとの動きの特徴を考慮する
② 基データと最も当てはまりが良い近似方法を選ぶ

　まず、外挿したときに示す、または示しそうな傾向が予測したい項目の動きの実態からかけ離れている場合は、選択肢から外しましょう。

　その上で、基データと最も当てはまりの良い近似方法を選べば、「基データと最も当てはまりが良く、現実離れしていない動きが見られる外挿を選びました」と説明しやすいでしょう。

　以降の指数近似、対数近似、累乗近似、多項式近似では、説明のため基データにほぼ完全に当てはまっている例を採り上げますが、実際にはそれぞれの近似方法の特徴に近いものを（できたら複数の方法で）試してみるとよいでしょう。

6.3.2 指数近似の例

🌱 指数近似とは

指数近似とは、増加率または減少率がおおよそ一定のときに、基データと当てはまりが良くなる近似です。

Excel の近似曲線の追加機能では、「指数近似」を選択します。

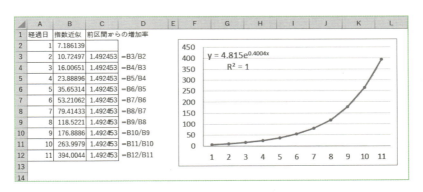

上図の C 列は、説明のため、前の区間との増加率を求めてみたものです。どこを取っても、前の区間と同じ倍率で増加していることを表しています。

つまり、右肩上がりの傾向を示す場合は、実数ベースでは、増加量が直近になるほど大きくなる傾向にあります。また、右肩下がりの傾向を示す場合は、減少量が直近になるほど小さくなる傾向にあります。

🌱 指数近似のロジック 〜回帰分析で説明

指数近似は、経過日と直線の関係になるように、縦軸、つまり予測したい項目を e を底とした自然対数[4] に変換しています。Excel で自然対数に変換するには、**LN 関数**を使います[5]。

---

[4] 対数については、付録（p.269）で説明しています。
[5] e を底とした自然対数に変換するのには、LN 関数を使います。自然対数を元の値（**真数**と呼びます）に戻すのには、EXP 関数を使います。EXP 関数は LN 関数の逆関数です（つまり、LN 関数で値を変換したものを EXP 関数で元に戻すことができる関係にあります）。

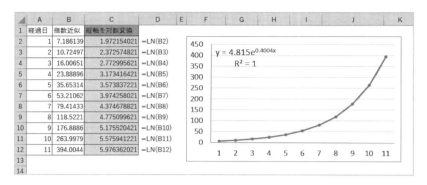

指数近似を行ったときの数式は、$y = 4.815e^{0.4004x}$ と表示されています。新たな経過日 12 日目の予測値を求めるには、x に 12 を当てはめて計算します。

経過日を説明変数として、自然対数に変換した目的変数で回帰分析を行いました。下図右は、縦軸を自然対数に変換し、散布図が直線になるようにしたものです。

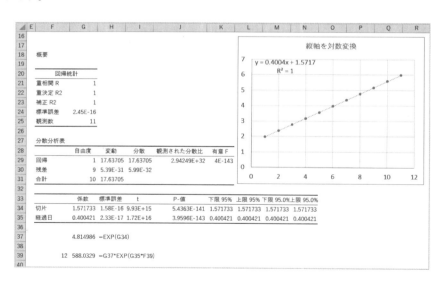

直線に変換した結果、切片は **1.5717** で、回帰係数は **0.4004** と求められました。縦軸の値を自然対数に変換したものを基に分析をしたので、切片の値を **EXP 関数**で元に戻します。

予測を求めるための式は、次のようになります。

予測＝EXP関数で変換した「切片」
　　　×EXP関数で変換した「回帰係数 × 新たな説明変数の値」

この式を計算すると、4.815×EXP関数で変換した「0.4004×12」＝588 と求めることができます[6]。

🌱 指数近似で外挿 ～ GROWTH 関数

Excel で予測値を求める場合、直線予測では TREND 関数または FORECAST. LINEAR 関数を使いましたが、指数近似で予測値を求めるには **GROWTH 関数**を用います。

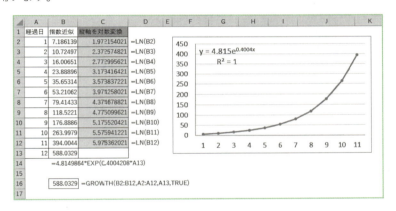

GROWTH 関数では、対数に変換する前のデータを使い次のように指定します。

6　EXP 関数で変換した切片を求めるのに、x と対数に変換した y を使って、
　　＝EXP(INTERCEPT(LN 関数で対数に変換した y の範囲，x の範囲))
で求めることもできます。

7　ここで TRUE または 1 を指定すると、切片を通常どおり求めます。FALSE または 0 を指定すると、切片は強制的に 1 として計算されます。実務では、FALSE または 0 を指定するケースは、まずありません。

🌱 予測したい項目には0や負の値を含めることはできない

なお、0や負の値を対数に変換することはできないので、予測をしたい項目（縦軸の値）の基データに0や負の値が含まれていると、指数近似は使うことができません。

6.3.3 対数近似の例

対数近似は、最初に急速な伸びを示した後、徐々にその伸びが鈍る傾向にある時系列データと当てはまりが良い近似方法です。

Excelの近似曲線の追加機能では、「対数近似」を選択します。

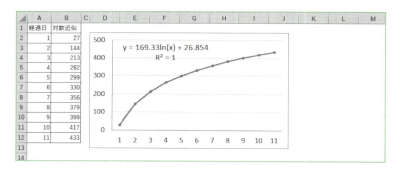

🌱 対数近似のロジック 〜回帰分析で説明

対数近似は、経過日と直線の関係になるように、横軸、ここでは時間を表す項目を自然対数に変換しています。

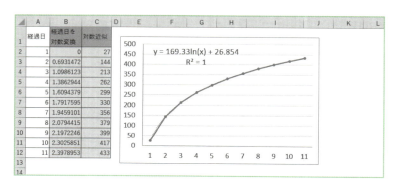

近似曲線の追加機能で対数近似を行うと、このときの数式は、

$$y = 169.33\ln(x) + 26.854$$

と表示されます。この数式は、自然対数に変換した説明変数の値に、169.33 を掛けるという意味です。新たな経過日 12 日目の予測値を求めるには、x に 12 を当てはめて計算します。169.33×「12 を自然対数に変換した値」＋26.854 ＝ 447.6 と求めることができます。

自然対数に変換した経過日を説明変数として、回帰分析を行いました。下図右は、横軸を自然対数に変換し、散布図が直線になるようにしたものです。

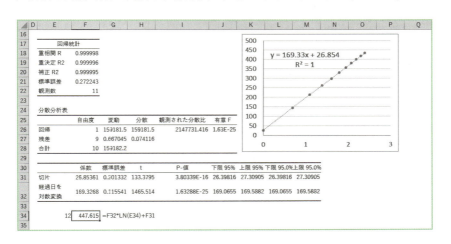

直線に変換した結果、切片は 26.8536、回帰係数は 169.3268 と求められました。予測するための式は、次のようになります。

　　予測＝ 回帰係数×自然対数に変換した「新たな説明変数の値」＋切片

この式を計算すると、169.3268×「LN 関数で変換した 12」＋26.8536 ＝ 447.6 と求めることができます。

🌱 時間を表す項目（説明変数）に 0 や負の値を含めることはできない

0 や負の値を対数に変換することはできないので、基データのうち説明変数（横軸）に当たる項目に、0 や負の値が含まれていると、対数近似を使うことができません。

6.3.4 累乗近似の例

累乗近似は、他の近似方法よりは増加・減少カーブが小さいものの、曲線的な増加・減少の傾向を見せる時系列データに利用できる近似方法です。

Excelの近似曲線の追加機能では、「累乗近似」を選択します。

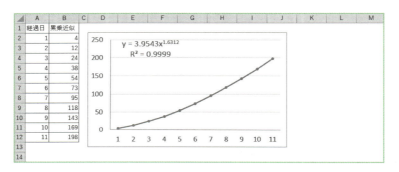

🌱 累乗近似のロジック 〜回帰分析で説明

累乗近似は、直線の関係になるように、横軸と縦軸の両方の項目について、自然対数に変換しています。

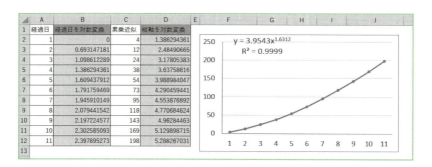

近似曲線の追加機能で累乗近似を行うと、このときの数式は、

$$y = 3.9543x^{1.6312}$$

と表示されます。新たな経過日12日目の予測値を求めるには、xに12を当てはめて計算します。

3.9543×12 の 1.6312 乗なので、「=3.9543*12^1.6312」と Excel で計算式を入力して求めることもでき、予測値は 227.7 となります。

自然対数に変換した経過日を説明変数と、自然対数に変換した目的変数とで回帰分析を行いました。下図の右側の散布図は、横軸と縦軸を自然対数に変換したもので、直線になるように変換したものです。

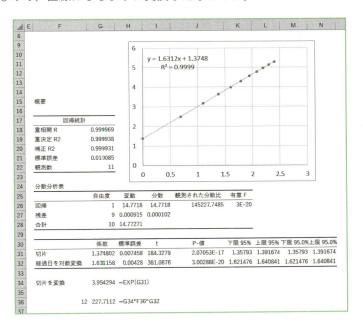

直線に変換した結果、切片は 1.3748、回帰係数は 1.631 と求められました。変数変換したデータを基に、累乗近似によって予測値を求めるときの式の作り方は、次のようになります。

予測＝「EXP 関数で対数を元に戻した切片」
　　　×「新たな説明変数の値」の「回帰係数」乗

🌱 データに 0 や負の値を含めることはできない

累乗近似では、横軸（説明変数）、縦軸（目的変数＝予測したい項目）共に、0 や負の値を対数に変換することはできないので、基データに 0 や負の値が含まれていると、累乗近似は使うことができません。

6.3.5 多項式近似の例

多項式近似は、増減を繰り返す傾向を含め、様々な曲線の傾向を示す時系列データ利用できる近似方法です。以下の2つの例を見てください。

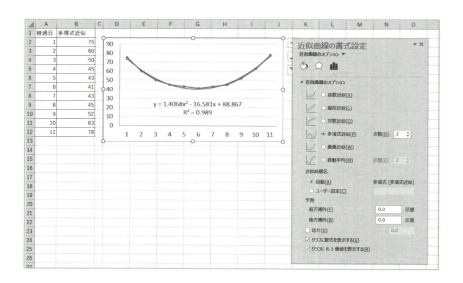

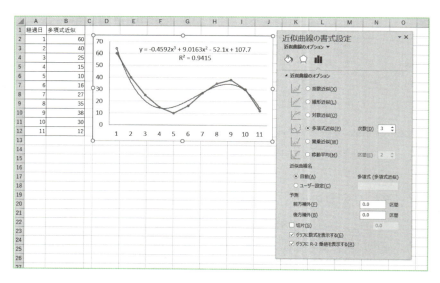

この2つの例では、当てはめ方に違いがあります。前者は増減のカーブが1つだけで、後者は増減のカーブが2つあります。より基データにフィットした近似方法を基に外挿することを考えると、前者の場合は、最低でもカーブが1つの曲線が生成される近似方法、後者は最低でもカーブが2つの曲線が生成される近似方法が必要になります。

多項式近似で設定できる「次数」とは ～回帰分析で説明

Excelの近似曲線の追加機能で「多項式近似」を選ぶと、「**次数（D）**」という設定項目があります。この項目の設定により、基データにどの程度当てはまりが良くなるかが決まってきます。

曲線的な傾向の当てはめについて、回帰分析的に説明をすると、横軸に配置する値（説明変数）とは別に、横軸の値を2乗した値をもう1つの説明変数として、重回帰分析を行って式を求めたのと同じことになるのです。

前者の例では、曲線のカーブが1つでした。この場合は2次式を当てはめ、近似させたものです。

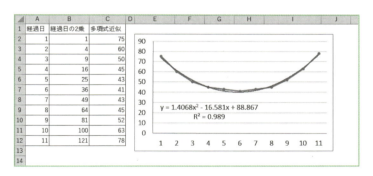

上の表で言えば、「経過日」の列に加えて、「経過日を2乗した値」と2つの説明変数として、予測したい列（上図ではC列）を「入力Y範囲（Y）」、説明変数とする2列を「入力X範囲（X）」に指定して回帰分析を実行すると、次のように出力されます。

概要								
回帰統計								
重相関 R	0.994469							
重決定 R2	0.988969							
補正 R2	0.986211							
標準誤差	1.543125							
観測数	11							

分散分析表

	自由度	変動	分散	観測された分散比	有意 F			
回帰	2	1707.859	853.9296	358.6078019	1.48E-08			
残差	8	19.04988	2.381235					
合計	10	1726.909						

	係数	標準誤差	t	P-値	下限 95%	上限 95%	下限 95.0%	上限 95.0%
切片	88.86667	1.694672	52.43885	1.93843E-11	84.95875	92.77459	84.95875	92.77459
経過日	-16.5811	0.649073	-25.5459	5.91021E-09	-18.0779	-15.0844	-18.0779	-15.0844
経過日の2乗	1.40676	0.052681	26.70315	4.16173E-09	1.285276	1.528243	1.285276	1.528243

| 12 | 92.46667 | =F33*E35^2+F32*E35+F31 | | | | | | |

近似曲線の追加機能で求められた式と、回帰分析の実行結果にある切片と回帰係数に注目してみましょう。近似曲線の追加機能で得られた式の x^2 の前にある数字「**1.4068**」は、回帰分析実行結果にある「経過日の 2 乗」の回帰係数と一致します。

そして、近似曲線の追加機能で得られた式の x の前にある数字「**−16.581**」は、回帰分析実行結果にある「経過日」の回帰係数と一致します。これに切片を足せば、2 次式の回帰式ができあがります。

予測 ＝ 88.867 ＋ 1.4068 ×「経過日の 2 乗」− 16.581 ×「経過日」

12 日目の予測は、経過日に 12 を当てはめて、$88.867 + 1.4068 \times 12^2 - 16.581 \times 12 = 92.467$ と予測できます。

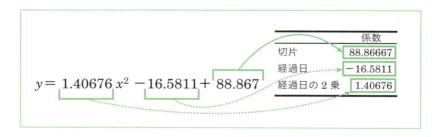

多項式近似の注意点と重回帰分析の関連

次数を上げると、基データによりフィットした曲線を当てはめることはできます。

次の時系列データは、期間中に増減を繰り返すものです。

ここでは、3次式を当てはめました。これは、多項式近似の一般的な話なのですが、より基データにフィットした近似曲線を当てはめるには、より次数を上げます。

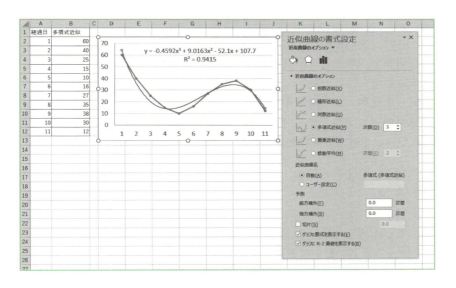

上図では、経過日1〜11日目のデータを基に予測をするための式は、

$$y = -0.4592x^3 + 9.0163x^2 - 52.1x + 107.7$$

と求められました。

同じデータに対して、4次式や5次式を当てはめると、R^2値は4次式が0.988、5次式は0.9955と、より1に近づきます。

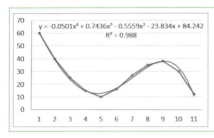 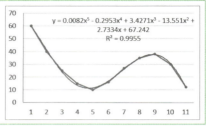

ここで、第 5 日 5.2.3 の p.178「重相関係数と決定係数（寄与率）の考慮すべき点」で説明したことを思い出してみましょう。

① 説明変数の個数を増やせば増やすほど、R^2 値すなわち決定係数（寄与率）は 1 に近づく性質がある。
② データ行数＝説明変数の個数＋1 行という関係が成り立つときは、データの値の内容に関わらず、決定係数（寄与率）は必ず 1 になる（基データに完全にフィットした曲線が描かれる）。

多項式近似の 2 次式では、説明変数を 2 乗した値を 2 つ目の説明変数として採り入れ、回帰分析を実行していることになります。つまり、多項式近似で字数を増やすということは、決定係数を 1 に近づけることになります。

実務では、決定係数が 1 に近いかどうかよりも、ここまでに説明したような回帰分析を実行し、**自由度調整済決定係数**で当てはまりの良さを確かめるのも一案です。

そして、第 4 日の冒頭（p.128）で説明したように、なるべく複数の予測手法を試してみること、そして日常業務を通じて予測方法や説明変数の検討を重ねて、予測精度を上げていく姿勢が大切です。

🌱 非現実的な外挿のケースがある

先ほどの 3 次式の事例で、経過日 1 〜 11 日目のデータを基に $y = -0.4592x^3 + 9.0163x^2 - 52.1x + 107.7$ の x に 12 を当てはめると、－12.667 と負の値になります。

多項式近似の場合、外挿をすると予測値が 0 や負の値になることがあります。これは、計算や分析手法に誤りはありません。

予測したい項目が特に累積数などの場合は、絶対に 0 や負の値になることはあ

りません。このとき、外挿により 0 や負の値になってしまう多項式近似の方法は、使い物になりません。その場合は、予測手法の候補から外してしまいましょう。

なお、多項式近似で当てはめることができるのは、6 次式までです。

6.3.6　時系列の推移をマクロの視点で探る 〜移動平均

🌱 移動平均とは

時系列データで、細かく示される上昇・下降の変動を抑えた状態の様子を探る方法として、**移動平均**（Moving Average, MA）があります。

たとえば、古いデータから順に 5 個分（5 行分）の平均値を求め、平均値を求める対象（5 個分）を 1 つずつずらしていきます。

このように求める平均値の範囲のことを**区間**（Interval）と呼び、5 個分のデータの平均値を求めてその区間を 1 つずつずらしていることから、5 区間移動平均と呼びます。1 区間が 10 個分であれば 10 区間移動平均と呼びます。

次の図は、1 から 13 日のデータについて、5 区間移動平均と 10 区間移動平均を求めることを説明しています。前者の 5 区間移動平均よりも 10 区間移動平均の方が求めることができる移動平均の個数が少ないので、より大雑把な推移を示します。

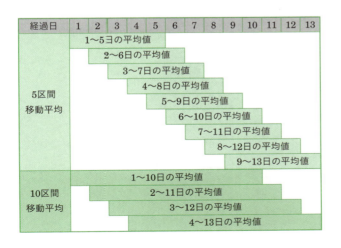

[第❻日] 時系列分析 —時系列変動のデータ分析と予測

次の表は、2015年12月1日から2016年1月31日までの対米ドル為替相場の終値を示した表と折れ線グラフを示しています。

近似曲線の追加機能で移動平均を示す方法

まず、Excelでの完成図から見てみましょう。

基データの折れ線と比べて、線の上下が緩やかな線が追加されています。これを**移動平均線**と呼びます。区間の値を大きくすればするほど、緩やかな線になります。

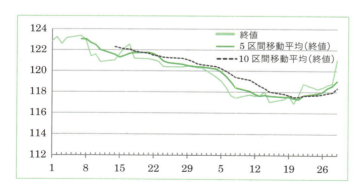

Excelでの操作方法は、次のとおりです。

① 折れ線グラフの部分で右クリックします。
② 表示されたメニューから「近似曲線の追加（F）」を選択し、表示された「近似曲線の書式設定」の「近似曲線のオプション」から「移動平均（M）」を選択します。
③ 「区間（E）」の部分が設定できるようになるので、5や10などの区間を手入力するか、マウス操作で設定します。

なお、移動平均は、移動平均線を求めるだけなので、数式は求めません。

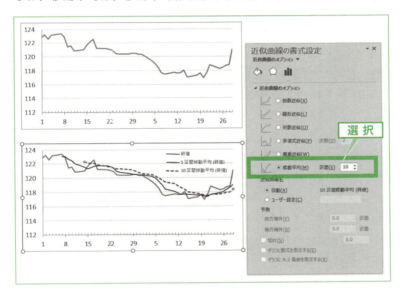

🌱 データ分析ツールで移動平均値を求める

次に、データ分析ツールを使って5区間の移動平均値を求める方法を説明します。

① 「データ」タブの「分析」グループから「データ分析」を選択し、表示された「データ分析」メニューから「移動平均」を選択します。

② 表示された設定画面ではこのように設定します。

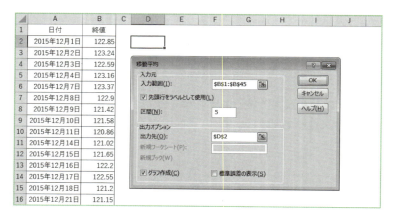

- **「入力範囲（I）」に移動平均値を求めるための基データの範囲を指定します。**
  ここではB1～B45セルを範囲指定しました。なおここで入力できるのは、1列のみです。2列以上のデータの範囲を指定することはできません。
- また、ここでデータラベルも含めて範囲選択したので、**「先頭行をラベルとして使用（L）」にチェックを入れます。**
- 「区間（N）」に「5」と手入力します。
- 同時にグラフも出力させたい場合は、**「グラフ作成（C）」にチェックを入れて「OK」ボタンをクリックします。**

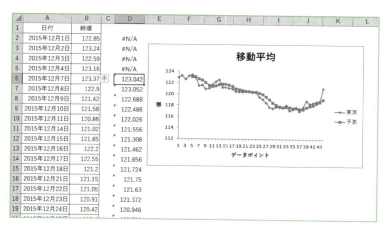

5日目の12月7日から順に、移動平均値が出力されています。12月7日の移動平均値は、12月1日のデータから順に122.85、123.24、122.59、123.16、123.37の5つの平均値ということで、123.042と求められています。

6.3.7　年間の周期性と季節性を考慮した予測を行う

ここでは、年間の周期性があり、それぞれの年に季節性が現れている36か月のデータについて、移動平均を利用した方法を使って予測をします。

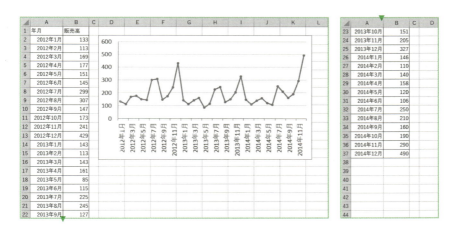

予測は、次の手順で行います。

① 12か月の周期性があり、毎年一定の季節性が認められる36か月分のデータを用意する
② 12か月中心化移動平均値を求め、24か月間の平滑化された傾向を求める
③ 「基データ÷12か月中心化移動平均値」を計算し、24か月分の中心化移動平均値を求める
④ 同月（前年分と当年分）2個の中心化移動平均値の、単純平均値を求める
⑤ 前年分と当年分のデータについて、それぞれ合計を求める
⑥ 季節調整値を求める
⑦ 中心化平均のデータから、直線または曲線の外挿を行う
⑧ 外挿した値に季節指数を掛け算し、予測値を求める

🌱 季節性・周期性を確認する

予測を試みるために用意した 36 か月分の基データに、季節性・周期性があるかをグラフによって確認しましょう。

表示されたグラフからは、3 年間にわたる季節性や年間の周期性が確認できそうです。季節性と年間の周期性をグラフで確認できるための表の作り方も、この図で理解しましょう。

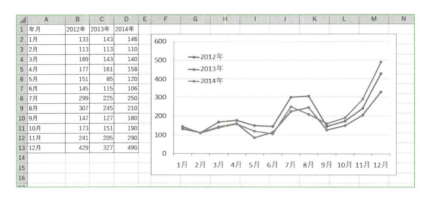

🌱 12 か月中心化移動平均を求める

移動平均には、いままで説明してきた過去のデータにさかのぼって求める方法以外にも、区間の中心に平均値を置く**中心化移動平均**という方法があります。ここでは、12 か月を 1 つの区間として、その中心化移動平均値を求めてみます。

まず、1 か月目から 12 か月目の移動平均値を求めます。

しかし、1 区間のデータの個数が偶数個の場合、区間の中心がデータのない半端なところにきてしまいます。たとえば本事例ですと、12 のちょうど中心は 6 月と 7 月の間になり、該当データを指すことはできません。そのため、ここでは便宜上、「6.5 か月目のデータ」と呼ぶことにします。

6.3 外挿2〜曲線の傾向を利用する(曲線予測)

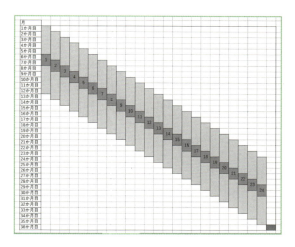

次に、2か月目から13か月目の12か月についても移動平均値を求めます。中心は7月と8月の中間となりますので、ここでは便宜上「7.5か月目のデータ」と呼ぶことにします。

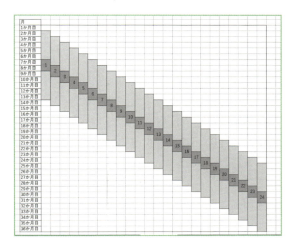

そして、6.5か月目の値と7.5か月目の値の単純平均値を求めて、7月の12か月中心化平均値とします。

[第❻日] 時系列分析 ―時系列変動のデータ分析と予測

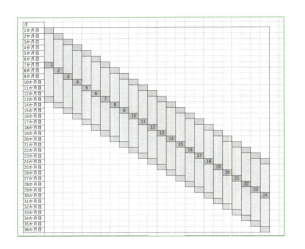

　この要領で、年間の周期性そして季節性が認められる 36 か月のデータを基に、24 個の 12 か月中心化移動平均値を求めます。下図では C 列に求めています。いったん 6 月のところに 1 ～ 12 月の平均値（6.5 か月目）を求め、そこから平均値を求める区間をひと月ずつずらしていきます。

	A	B	C	D	E
1	年月	販売高	12か月移動平均	12か月中心化平均	販売高÷中心化平均
2	2012年1月	133			
3	2012年2月	113			
4	2012年3月	169			
5	2012年4月	177			
6	2012年5月	151			
7	2012年6月	145	207		
8	2012年7月	299	207.8333333	207.4166667	1.441542788
9	2012年8月	307	207.8333333	207.8333333	1.477145148
10	2012年9月	147	205.6666667	206.75	0.711003628
11	2012年10月	173	204.3333333	205	0.843902439
12	2012年11月	241	198.8333333	201.5833333	1.195535345
13	2012年12月	429	196.3333333	197.5833333	2.171235765
14	2013年1月	143	190.1666667	193.25	0.739974127
15	2013年2月	113	185	187.5833333	0.602398934
16	2013年3月	143	183.3333333	184.1666667	0.776470588
17	2013年4月	161	181.5	182.4166667	0.882594792
18	2013年5月	85	178.5	180	0.472222222
19	2013年6月	115	170	174.25	0.659971306
20	2013年7月	225	170.25	170.125	1.322556943
21	2013年8月	245	170	170.125	1.440117561
22	2013年9月	127	169.75	169.875	0.747608536
23	2013年10月	151	169.5	169.625	0.890198968
24	2013年11月	205	172.4166667	170.9583333	1.199122593
25	2013年12月	327	171.6666667	172.0416667	1.900702349
26	2014年1月	146	173.75	172.7083333	0.84535585
27	2014年2月	110	170.8333333	172.2916667	0.638452237
28	2014年3月	140	173.5833333	172.2083333	0.812968788
29	2014年4月	158	176.8333333	175.2083333	0.901783591
30	2014年5月	120	183.9166667	180.375	0.665280665
31	2014年6月	106	197.5	190.7083333	0.555822591
32	2014年7月	250			
33	2014年8月	210			
34	2014年9月	160			
35	2014年10月	190			
36	2014年11月	290			
37	2014年12月	490			

そして、6.5か月目と7.5か月目の平均値を7月のところで求め、その平均値をひと月ずつづらします。これを**12か月中心化移動平均**と呼びます。

12か月中心化移動平均によって、24か月分の傾向が、次のように平滑化されることがわかります。

[第❻日] 時系列分析 ―時系列変動のデータ分析と予測

　そして、季節調整値を求めるために、実際の販売高（2012年7月）と中心化平均値で割り算した値を、いったんその月の指標として求めます。

	A	B	C	D	E
				fx	=B8/D8
1	年月	販売高	12か月移動平均	12か月中心化平均	販売高÷中心化平均
2	2012年1月	133			
3	2012年2月	113			
4	2012年3月	169			
5	2012年4月	177			
6	2012年5月	151			
7	2012年6月	145	207		
8	2012年7月	299	207.8333333	207.4166667	1.441542788
9	2012年8月	307	207.8333333	207.8333333	1.477145148
10	2012年9月	147	205.6666667	206.75	0.711003628
11	2012年10月	173	204.3333333	205	0.843902439
12	2012年11月	241	198.8333333	201.5833333	1.195535345
13	2012年12月	429	196.3333333	197.5833333	2.171235765
14	2013年1月	143	190.1666667	193.25	0.739974127
15	2013年2月	113	185	187.5833333	0.602398934
16	2013年3月	143	183.3333333	184.1666667	0.776470588
17	2013年4月	161	181.5	182.4166667	0.882594792
18	2013年5月	85	178.5	180	0.472222222
19	2013年6月	115	170	174.25	0.659971306
20	2013年7月	225	170.25	170.125	1.322556943
21	2013年8月	245	170	170.125	1.440117561
22	2013年9月	127	169.75	169.875	0.747608536
23	2013年10月	151	169.5	169.625	0.890198968
24	2013年11月	205	172.4166667	170.9583333	1.199122593
25	2013年12月	327	171.6666667	172.0416667	1.900702349
26	2014年1月	146	173.75	172.7083333	0.84535585
27	2014年2月	110	170.8333333	172.2916667	0.638452237
28	2014年3月	140	173.5833333	172.2083333	0.812968788
29	2014年4月	158	176.8333333	175.2083333	0.901783591
30	2014年5月	120	183.9166667	180.375	0.665280665
31	2014年6月	106	197.5	190.7083333	0.555822591
32	2014年7月	250			
33	2014年8月	210			
34	2014年9月	160			
35	2014年10月	190			
36	2014年11月	290			
37	2014年12月	490			

　ここで、2年分の値が求められましたので、同月（前年分と当年分）の2個のデータについて、単純平均値を求めます。各年の合計についても平均を求めます。

　季節調整値は、7月の季節調整値を例にあげると、次のように求めます。

　　例：7月の季節調整値 ＝「7月の平均値」÷「平均値の合計」× 12

6.3 外挿2〜曲線の傾向を利用する（曲線予測）

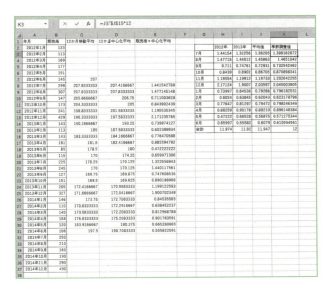

12か月中心化移動平均値の外挿を行います。ここでは説明のため、多項式近似の2次式で外挿することにします。

どの曲線または直線を当てはめて外挿を行うかは、過去のデータ（ここでは12か月中心化移動平均値）がどのような傾向を示しているのか、またその後はどのような傾向を示すと想定するかによって判断します。

2次式の外挿は、

0.3533 ×経過月の2乗 − 11.459 ×経過月 260.28

で求めます。

下図の例では、回帰分析実行結果の切片と回帰係数のセルを利用して、予測値を求めました。

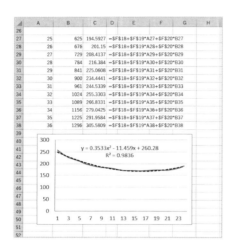

そして、翌年12か月間の予測を行うには、外挿した値 × 季節調整値を計算した値を、翌年の予測値とします。

2015年1月の予測であれば、外挿した 194.5927 に、季節調整値の 1.388 を掛けた 270.130 が予測値となります。

この要領で、12月まで予測値を求めます。

第6日のまとめ

　第6日では、現在までの時系列データを基に、将来の予測を行う方法を説明しました。第4日から回帰分析を中心に、いくつかの予測手法を説明してきましたが、本書で数値予測を採り上げるのは、ここでおしまいです。

　第4日から第6日を通して、まずは次の考え方を踏まえて、分析・予測を行いましょう。

① 「この業界にはこの予測手法さえマスターしとけばいい」、「このアイテムの売上予測にはこの予測手法さえ使えばオーケー」という考え方はしないようにしましょう。
② どの予測手法を選ぶかは、現在までのデータの推移の仕方によって選びましょう。
③ また、あくまでも現在までの傾向が将来にわたってそのまま続くことを前提に予測を行うのだという考え方を含んでおきましょう。
④ そして、いきなり将来の予測はせず、直近の数区間（例：数日・数週・数か月）は予測検証用に残しておきましょう。
⑤ できるだけ複数の予測手法で予測を行いましょう。そして、どの予測手法が精度良く予測できているかを確かめて、将来の予測に入りましょう。
⑥ 将来の予測を行ったあとは、予測精度を確認して、常に予測手法や（第5日の重回帰分析を行った場合は）説明変数の見直しができるようにしておきましょう。

　データから将来の予測を行うまでのプロセスを、次ページのフローチャートにまとめてました。それぞれの分析手法が本書のどこで説明されているのかも掲載されていますので、参考にしてください。

[第❻日] 時系列分析 ―時系列変動のデータ分析と予測

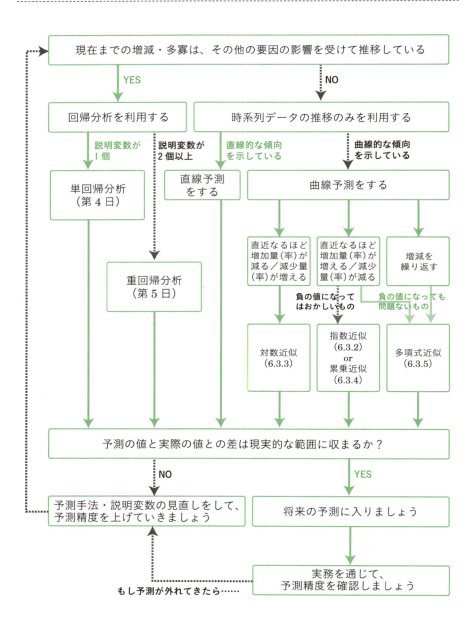

　第7日では、「合格／不合格」、お客様の「来店する／来店しない」など、どちらに属するかを予測する、判別分析に入ります。

[第❼日]

判別分析

顧客サービス満足度の分析

第4日から第6日は、数値予測を採り上げました。
最後の第7日では、どちらかの属性に分かれたデータを基に、新たなデータがどちらに属するのかを予測する、判別分析による予測を行います。

7.1 どちらに属するのかを複数の説明変数で予測する

7.1.1 判別分析とは

🌱 判別分析の意義

店舗や企業が顧客について、これまでの来店・利用・購買実績などを基に、それぞれの顧客に合ったアプローチを行い、よりいっそうの利用・購買につなげていきたいものです。

このとき、性別や居住地など顧客の属性と、個々の顧客について来店の有無を記録したデータを基に、顧客へのアプローチの試行錯誤を繰り返していきます。

ただ顧客全体という「マス」[1]でキャンペーンを打つばかりでなく、次のような属性に該当する顧客に合わせてキャンペーンを打つことを考えるのです。

そして、より多くの顧客に来店・利用・購買され、売上・利益につながることを目指します。そのためには、例えば「来店したかどうか」を目的変数とする場合、「来店した」顧客と「来店しなかった」顧客のデータそれぞれが必要になります。

🌱 判別分析の分析用データの特徴

第4〜6日では、数値予測について採り上げました。第7日目で説明するのは、注目する1つの項目が「来店する／来店しない」「反応アリ／反応ナシ」「成約／逸注」「良／不良」「合格／不合格」のような、どちらに属するのかを示すものになります。

このように目的変数は、**定性データ**です。定性データを統計学的な計算を扱うことができるよう、0や1という**ダミー変数**に置き換えます。

---

[1] **マス**：英語で「mass」。この場合は大きな一つの集団、または大衆を意味します。マスコミ（マスコミュニケーション）、マスプロダクションの「マス」です。

7.1.2 主な判別分析の種類

判別分析では、前述のようにAかBのどちらに属するのかを探るため、様々な方法が提唱されています。

🌱 線形判別分析

線形判別分析(Linear Discriminant Analysis)は、第5日で説明した**重回帰分析**を利用した方法です。説明変数の数量が1増加するごとに、目的変数がどれだけ増加するのかを推定することから、『線形の』回帰分析による判別分析ということで、線形判別分析と呼びます。

目的変数は「受注する／逸注する」「合格する／不合格する」「購入する／購入しない」など、2つのグループのうち、どちらに属するのかを探ることを主な目的としています。線形判別分析を行うには、目的変数が「0か1」という2値である必要があります。このとき、「0か1」ではなく、「1か2」のように0以外の値だけを当てはめようとしたり、「AかBかCか」というように、3つ以上の値を当てはめようとしても、この分析では意味がありません。これは、第1日で説明した順序尺度や間隔尺度、比例尺度といった、数値の大きさや比率に意味を持つ値を使っても、正しく分析ができないということに関係しています。

新たなデータが発生したとき、そのデータがどちらに属するのかを重回帰式を使って判定値(どちらのグループに属するのかを判定するための値)を求めます。

🌱 ロジスティック回帰分析

線形判別分析は(線形の分析である)重回帰分析を利用するので、**残差**(Radisual、次ページで説明します)によって目的変数の予測値は0を下回ったり、1を上回ったりすることがあります。また、線形判別分析は、2つのうちどちらのグループに属するのかを分析するのに対して、**ロジスティック回帰分析**(Logistic Regression Analysis)は、目的変数である事柄(「来店する」か「来店しない」かで言えば)「来店する」を1、「来店しない」を0とするとき、1(来店する)になる確率を求めるものです。

後述しますが、判定値が0.5を超えると、「来店する」と判断することが一般的です。

また、ロジスティック回帰分析では、目的変数がこのように2値のデータを

対象とする場合がありますが、確率を目的変数とする場合もあります。本書ではExcelのデータ分析ツール「回帰分析」で扱いやすいため、後者の事例で説明します[2]。

なお、ロジスティック回帰分析には大きく分けて2種類の分析があります。分析用データが、線形判別分析で示したように目的変数が2値の場合に使う**二項ロジスティック回帰分析**と、目的変数が3つ以上の分類を対象にしている場合に使う**多項ロジスティック回帰分析**です。

本書では、二項ロジスティック回帰分析に絞って説明をします[3]。

残差とは？

第4日の事例を使って説明します。「広告宣伝費」と「売上高」との相関関係を利用して、単回帰分析（説明変数が1つの回帰分析）で予測をする方法について説明しました。

実際の値と回帰分析で得られる予測との差のことを**残差**と呼びます[4]。散布図では、点は実際のデータの値を表し、直線は予測の値の位置を表していますが、データの点を回帰分析で求めた直線に垂直方向に伸ばした線の長さのことです。

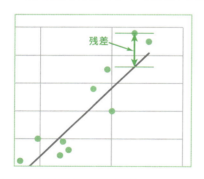

---

[2] 前者のように目的変数が2値の場合で、Excelの回帰分析を応用する場合は、後述する「ロジット変換」ではうまくいきません。本書では説明は省略しますが、**ソルバー機能**でなら、2値の場合も実践可能です。
『Excelソルバー多変量解析 因果関係分析・予測手法編』（長沢伸也 監修、中山厚穂 著、日科技連）などを参考にしてください。

[3] 判別分析の種類には、これらの他にも、**マハラノビス距離**を利用したものもあります。この方法は計算が煩雑なため、Excel用アドインプログラムを使ったり、RやSPSSなどの統計解析用ソフトを利用するのが現実的です。

[4] 線形回帰分析は、残差を2乗した値の合計が最小になるように直線の式を求めています。この方法を**最小自乗法**（Least Squares Method）と呼びます。

線形判別分析では残差のため、判定値が 0 を下回ったり、1 を上回ったりすることがあります。

🌱 線形判別分析と二項ロジスティック回帰分析の使いわけ

線形判別分析と二項ロジスティック回帰分析は、どちらかというと後者の二項ロジスティック回帰分析の方がよく使われます。

線形判別分析は、「とりあえず 2 つのうちどちらに属するのかを分けられればいいや」という軽い考え方で分析に臨むことができます。

ロジスティック回帰分析では、目的変数の 0・1 という 2 値のうち 1 になる確率を求めるので、例えばデータ A の説明変数の組合せとデータ B の説明変数の組合せでは、1 となる確率にどの程度違いがあるのかを探ることもできます[5]。

---

[5] 本来、線形判別分析の変数は、正規分布を仮定する（統計学では「正規分布に従う」と表現します）という前提条件はあるものの、ビジネスデータを扱う実務では特に、そうした厳密さよりも、判別精度やモデルによる説明のしやすさを優先させるべきです。

7.2 重回帰分析で線形判別分析

7.2.1 線形判別分析の流れ

線形判別分析の手順は、第 5 日で説明した重回帰分析とほぼ同じで、おおよそ次の流れで分析を行います。

① 目的変数（判別する項目）を決める
② 説明変数を決める
③ 第 5 日で説明したように、説明変数同士で相関関係の強すぎる関係を解消する
④ Excel のデータ分析ツールの「回帰分析」で回帰分析を行う場合は、説明変数は 16 個までに絞る
⑤ データ行数は、回帰分析の「入力 X 範囲」で指定する列の数＋ 2 行以上にする（「入力 X 範囲」で指定する列が 5 列の場合は、7 行以上のデータ行数が必要）
⑥ 回帰分析を実行し、回帰分析の出力結果から、切片と回帰係数を基に、判別式を作る
⑦ 判別式によって「来店する」「来店しない」のどちらに属するかを予測する
⑧ 説明変数のうち、どの変数がより判別に影響しているかを探る（要因分析）
⑨ 回帰分析実行用データについて、実際の来店の有無と判別式によって得られる予測とを比較して、判別精度を確認する

7.2.2 回帰分析を実行できるデータを用意する

🌱 何を判別するかを明らかにする ～目的変数の明確化

第 7 日では、お客様の性別や居住地などの属性との関連を利用して、お客様が過去のキャンペーンのときに来店したかどうかを判別して予測をする方法について説明します。

7.2 重回帰分析で線形判別分析

この予測の対象は、お客様が「来店する」か「来店しない」[6]かのどちらに属するかにあたるので、「来店する」か「来店しない」かが目的変数となります。

🌱 目的変数（来店する/しない）の判別に使えそうな説明変数を決める

顧客によって「来店する」か「来店しない」かを判別するので、顧客の属性として「性別」、「購入金額」の2つを説明変数とすることにします。

🌱 カテゴリーデータを含む回帰分析実行用データの作り方

第5日の重回帰分析の後半（5.2.6、p.190）では、「郊外店舗」というダミー変数を説明変数に追加で採り入れました。

本事例の目的変数は、「来店する」か「来店しない」かというカテゴリーデータにあたります。

説明変数の「性別」、「居住地」、「購入金額」のうち、「性別」、「居住地」がカテゴリーデータ、「購入金額」が数値データです。

「性別」は「女性」と「男性」、「居住地」はここでは「市内」と「隣接（する市）」、「来店有無」は「来店する」と「来店しない」という2つの要素を持つカテゴリーだということがわかります。

	A	B	C	D	E
1	顧客ID	性別	居住地	購入金額	来店有無
2	1	女性	市内	2000	来店する
3	2	女性	市内	2000	来店する
4	3	女性	市内	2000	来店する
5	4	女性	市内	3000	来店する
6	5	女性	市内	3000	来店する
7	6	女性	市内	4000	来店する
8	7	女性	市内	4000	来店する
9	8	女性	市内	4000	来店する
10	9	女性	市内	5000	来店する
11	10	女性	市内	5000	来店する
12	11	女性	市内	6000	来店する
13	12	女性	市内	6000	来店する
14	13	女性	市内	7000	来店する
15	14	女性	市内	1000	来店しない
16	15	女性	市内	1000	来店しない
17	16	女性	市内	1000	来店しない
18	17	女性	市内	2000	来店しない
19	18	女性	市内	2000	来店しない
20	19	女性	市内	3000	来店しない
21	20	女性	市内	3000	来店しない
22	21	女性	隣接	3000	来店する
23	22	女性	隣接	3000	来店する
24	23	女性	隣接	4000	来店する
25	24	女性	隣接	4000	来店する
26	25	女性	隣接	2000	来店しない
27	26	女性	隣接	2000	来店しない
28	27	女性	隣接	3000	来店しない
29	28	男性	市内	1000	来店する
30	29	男性	市内	1000	来店する
31	30	男性	市内	1000	来店する
32	31	男性	市内	2000	来店する
33	32	男性	市内	2000	来店する
34	33	男性	市内	3000	来店する
35	34	男性	市内	2000	来店しない
36	35	男性	市内	2000	来店しない
37	36	男性	隣接	1000	来店する
38	37	男性	隣接	2000	来店する
39	38	男性	隣接	2000	来店する
40	39	男性	隣接	3000	来店する
41	40	男性	隣接	3000	来店しない
42	41	男性	隣接	5000	来店しない

---

[6] なるべくシンプルにするため、「来店する」「来店しない」としましたが、厳密にはそれぞれ「来店した」「来店しなかった」となります。

「性別」や「居住地」は第5日の「郊外店舗」の例のように2値のデータなので、次の要領で0・1のダミー変数に置き換えて、回帰分析実行用のデータを完成させます。ここでは、「性別」を例に説明します。なお、「購入金額」は数値データなので、そのままデータとして配置できます[7]。

① 「男性」または「女性」のうち一方だけを回帰分析実行用データとして配置する（ここでは「女性」を配置することにしますが、もちろん「男性」を配置してもかまいません）
② 「女性」を配置した場合、顧客No.1は「女性」なので、「女性」の変数に該当するから「1」を配置する
③ 「性別」が「男性」の顧客は「0」を配置する

この要領で、「居住地」も「市内」か「隣接（する市）」のうちいずれかを配置します。ここでは「市内」を配置することにして、「市内」に該当するデータ（行）は「1」、「隣接（する市）」に該当するデータは「0」を配置します。

「来店有無」は「来店する」を残して配置することにして、「来店する」に該当する顧客のデータには「1」、「来店しない」に該当する顧客のデータには「0」を配置します。

回帰分析実行用データは、次のように配置します。

	A	B	C	D	E
1	顧客ID	女性	市内	購入金額	来店する
2	1	1	1	2000	1
3	2	1	1	2000	1
4	3	1	1	2000	1
5	4	1	1	3000	1
6	5	1	1	3000	1
7	6	1	1	4000	1
8	7	1	1	4000	1
9	8	1	1	4000	1
10	9	1	1	5000	1
11	10	1	1	5000	1
12	11	1	1	6000	1
13	12	1	1	6000	1
14	13	1	1	7000	1
15	14	1	1	1000	0
16	15	1	1	1000	0
17	16	1	1	1000	0
18	17	1	1	2000	0

---

[7] 説明変数がカテゴリーデータの場合は、第4日や第5日目で説明した回帰分析でも、同じ要領で回帰分析実行用データを作ることができます。詳細は、『Excelで学ぶ回帰分析入門』（上田太一郎・小林真紀・渕上美喜 共著、オーム社）などを参考にしてください。

「女性」、「市内」、「購入金額」の列を説明変数、「来店する」の列を目的変数として扱います。

7.2.3 回帰分析を実行する

このようにダミー変数に置き換えることができたら、回帰分析を実行することができます。データ分析ツールの「回帰分析」を使って、回帰分析を実行し、判別するための式を求めます。

① 「データ」タブの「分析」グループから、「データ分析」メニューを選択したます。
② 表示された「データ分析」メニューの中にある「回帰分析」を指定し、「OK」をクリックします。
③ 表示された回帰分析の設定画面は、次のように設定します。

- 入力 Y 範囲（Y）：**目的変数にあたる列を指定します。**ここでは「来店する」のデータの範囲（E1 〜 E42）を指定します。
- 入力 X 範囲（X）：**説明変数にあたる列を指定します。**ここでは「女性」、「市内」、「購入金額」のデータの範囲（B1 〜 D42 セル）を指定します。
- 「入力 Y 範囲」・「入力 X 範囲」で指定した部分にデータラベルを含めて範

囲選択したので、「**ラベル（L）**」にチェックを入れます。
- 出力オプション：**任意の出力方法を指定します。**
- 残差（R）：後述する判別精度を確かめるのに利用します。

④ 設定がすんだら「**OK**」ボタンをクリックすると、回帰分析実行結果が、次のように表示されます。

概要

回帰統計	
重相関 R	0.347861993
重決定 R2	0.121007966
補正 R2	0.049738342
標準誤差	0.467999705
観測数	41

分散分析表

	自由度	変動	分散	観測された分散比	有意 F
回帰	3	1.115634	0.371878	1.697889769	0.184261
残差	37	8.103878	0.219024		
合計	40	9.219512			

	係数	標準誤差	t	P-値	下限 95%	上限 95%	下限 95.0%	上限 95.0%
切片	0.417873359	0.194344	2.150178	0.038145083	0.024096	0.811651	0.024096	0.811651
女性	-0.221990428	0.166908	-1.33001	0.191654597	-0.56018	0.116198	-0.56018	0.116198
市内	0.100993987	0.15975	0.6322	0.531143511	-0.22269	0.424678	-0.22269	0.424678
購入金額	0.000111394	5.23E-05	2.130106	0.039877294	5.43E-06	0.000217	5.43E-06	0.000217

観測値	予測値: 来店する	残差
1	0.51966499	0.480335
2	0.51966499	0.480335
3	0.51966499	0.480335
4	0.631059026	0.368941
5	0.631059026	0.368941
6	0.742453062	0.257547
7	0.742453062	0.257547
8	0.742453062	0.257547
9	0.853847098	0.146153
10	0.853847098	0.146153
11	0.965241134	0.034759
12	0.965241134	0.034759
13	1.07663517	-0.07664
14	0.408270953	-0.40827
15	0.408270953	-0.40827
16	0.408270953	-0.40827
17	0.51966499	-0.51966
18	0.51966499	-0.51966
19	0.631059026	-0.63106
20	0.631059026	-0.63106
21	0.530065039	0.469935
22	0.530065039	0.469935
23	0.641459075	0.358541
24	0.641459075	0.358541
25	0.418671003	-0.41867
26	0.418671003	-0.41867
27	0.530065039	-0.53007
28	0.630261382	0.369739
29	0.630261382	0.369739
30	0.630261382	0.369739
31	0.741655418	0.258345
32	0.741655418	0.258345
33	0.853049454	0.146951
34	0.741655418	-0.74166
35	0.741655418	-0.74166
36	0.529267395	0.470733
37	0.640661431	0.359339
38	0.640661431	0.359339
39	0.752055467	0.247945
40	0.752055467	-0.75206
41	0.974843539	-0.97484

7.2.4　判別式を作り来店の有無を予測する

　回帰分析実行結果で表示された切片と回帰係数から、判別をするための式を作ります。判別予測をするための式を作るポイントは、カテゴリーデータである「性別」と「居住地」の、式への反映方法です。

　回帰分析実行用データとした「性別」の「女性」と「居住地」の「市内」は、すでに回帰係数が求められているので、それらを式にそのまま反映させます。

　「性別」の「男性」と、「居住地」の「隣接」については、回帰分析実行用データにないので、これらの回帰係数は 0 として扱って、式に反映させましょう。

$$判別予測 = 0.417873 + \begin{bmatrix} -0.22199 & (女性) \\ 0 & (男性) \end{bmatrix}_{性別} + \begin{bmatrix} 0.100994 & (市内) \\ 0 & (隣接) \end{bmatrix}_{居住地}$$

$$+ 0.000111 \times 購入金額$$

　この式によって求めた値のことを、「来店する」か「来店しない」かを判定するための値ということで、本書では**判定値**(はんていち)と呼ぶことにします。

🌱 どちらに属するのかを判定する方法

　目的変数が、「来店の有無」というカテゴリーデータなので、ダミー変数として「来店する」を 1、「来店しない」を 0 と当てはめました。そこで、1 と 0 の中間である 0.5 を境に、判定値が 0.5 よりも大きければ「来店する」と予測し、0.5 よりも小さければ「来店しない」と予測しましょう。

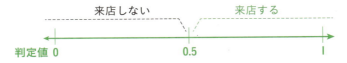

　もし新たな顧客の「性別」が「女性」で、「居住地」が「市内」で、「購入金額」が 5,000 円の場合、上の式から、

$$0.417873 - 0.22199 + 0.100994 + 0.000111 \times 5000 = 0.85$$

と求めることができました。この値は 0.5 よりも大きいので、このお客様は「来店する」と予測をすることができます。

7.2.5 影響度を求める

　目的変数である「来店する」か「来店しないか」に対する影響度は、説明変数が数値データなのかカテゴリーデータによって、求め方が異なります。次のルールを覚えましょう。

　数値データの場合は、第 5 日でも説明したように、t 値の絶対値を影響度としましょう。

　カテゴリーデータの場合は、回帰分析実行用データで採用しなかった列の t 値を 0 として扱った上で、t 値のレンジを影響度と判断しましょう。

説明変数の種類	影響度の求めかた
数値データ	t 値の絶対値
カテゴリーデータ	カテゴリーごとの t 値のレンジ 【注】回帰分析実行用データで採用しなかった列を 0 として扱うこと

　この事例の影響度は、回帰分析の実行結果から、次のように求めます。

要因（説明変数）	最大の値		最小の値		影響度
性　別	（男性）	0	（女性）	−1.33	1.33
居住地	（市内）	0.101	（隣接）	0	0.101
購入金額					2.13

　この結果から、来店の有無に対する影響度は、「購入金額」が最も大きい説明変数であると判断できます。

7.2.6 判別精度を検証する

　さてここで、予測が分析に利用した顧客データの「来店した」のか「来店しない」のかに、どれだけ合っているのかを確かめてみましょう。

　確かめる方法は、実際の顧客 ID1 〜 41 の来店の有無と、上の判別式によって得られた判定値による判定が合っている割合を求めます。

$$判定精度 = \frac{判定が合っている件数}{分析に利用したすべてのデータの件数}$$

　この判定精度を 100 倍することで、パーセントで表すこともできます。

7.2 重回帰分析で線形判別分析

　回帰分析実行結果を求めるのに、「残差（R）」にチェックを入れました。残差の表示をすることで、実際のデータと回帰式[8]で得られた判定値や、判定値との差が求められます。

　回帰式で得られた値、線形判別分析で判定値に相当する値のことを、回帰分析では**推定値**（Estimate）と呼びます。

　ここでは、「残差（R）」にチェックを入れたときに表示されるExcelの残差出力から、予測値の欄[9]を利用します。この欄の値が表示されているセルの範囲をコピーしましょう。

観測値	予測値:来店する	残差
1	0.51966499	0.480335
2	0.51966499	0.480335
3	0.51966499	0.480335
4	0.631059026	0.368941
5	0.631059026	0.368941
6	0.742453062	0.257547
7	0.742453062	0.257547
8	0.742453062	0.257547
9	0.853847098	0.146153
10	0.853847098	0.146153
11	0.965241134	0.034759
12	0.965241134	0.034759
13	1.07663517	-0.07664
14	0.408270953	-0.40827
15	0.408270953	-0.40827
16	0.408270953	-0.40827
17	0.51966499	-0.51966
18	0.51966499	-0.51966
19	0.631059026	-0.63106
20	0.631059026	-0.63106
21	0.530065039	0.469935
22	0.530065039	0.469935
23	0.641459075	0.358541
24	0.641459075	0.358541
25	0.418671003	-0.41867
26	0.418671003	-0.41867
27	0.530065039	0.53007

　そして、このセルの範囲を次の表の「推定値」のところにペーストします。

　推定値が0.5を境に「来店する」、「来店しない」のどちらに属するのかを求め、実際の「来店有無」と比較して、合っているのかどうかを確かめましょう。

---

[8] 第7日の判別分析では、「判定式」としています。
[9] 「推定値」とは、基データについて回帰式を使って予測値を求めたものです。将来のデータではないので、本書では「予測」とはせず「推定」としています。
　Excelのデータ分析ツール「回帰分析」で残差出力をしたときに表示されるのは、「予測値」となっています。

[第❼日] 判別分析 —顧客サービス満足度の分析

	A	B	C	D	E	F	G	H	I
1	顧客ID	性別	居住地	購入金額	来店有無	来店有無	推定値	推定値による判定	正解
2	1	女性	市内	2000	来店する	1	0.519665	1	○
3	2	女性	市内	2000	来店する	1	0.519665	1	○
4	3	女性	市内	2000	来店する	1	0.519665	1	○
5	4	女性	市内	3000	来店する	1	0.631059	1	○
6	5	女性	市内	3000	来店する	1	0.631059	1	○
7	6	女性	市内	4000	来店する	1	0.742453	1	○
8	7	女性	市内	4000	来店する	1	0.742453	1	○
9	8	女性	市内	4000	来店する	1	0.742453	1	○
10	9	女性	市内	5000	来店する	1	0.853847	1	○
11	10	女性	市内	5000	来店する	1	0.853847	1	○
12	11	女性	市内	6000	来店する	1	0.965241	1	○
13	12	女性	市内	6000	来店する	1	0.965241	1	○
14	13	女性	市内	7000	来店する	1	1.076635	1	○
15	14	女性	市内	1000	来店しない	0	0.408271	0	○
16	15	女性	市内	1000	来店しない	0	0.408271	0	○
17	16	女性	市内	1000	来店しない	0	0.408271	0	○
18	17	女性	市内	2000	来店しない	0	0.519665	1	×
19	18	女性	市内	2000	来店しない	0	0.519665	1	×
20	19	女性	市内	3000	来店しない	0	0.631059	1	×
21	20	女性	市内	3000	来店しない	0	0.631059	1	×
22	21	女性	隣接	3000	来店する	1	0.530065	1	○
23	22	女性	隣接	3000	来店する	1	0.530065	1	○
24	23	女性	隣接	4000	来店する	1	0.641459	1	○
25	24	女性	隣接	4000	来店する	1	0.641459	1	○
26	25	女性	隣接	2000	来店しない	0	0.418671	0	○
27	26	女性	隣接	2000	来店しない	0	0.418671	0	○

F列の「来店有無」は実際の来店有無を表し、H列の「推定値による判定」は、推定値が0.5を境に「来店する」か「来店しない」かの判定をしたものです。

「来店有無」と「推定値による判定」が一致しているデータが多ければ多いほどこの判定方法は妥当だとして、新たな顧客のデータについて判別予測を行います。

🌱 判別精度を上げる試行錯誤を忘れないこと

今回は「性別」と「居住地」と「購入金額」という3つの要因で判別予測を試みましたが、説明変数の策定については、より精度良く予測ができるための要因がないかどうか、試行錯誤を繰り返すことが重要です。また、判別精度をより良くしてゆくという考え方を現場に浸透させることも大切なのです。

🌱 判定値が0.5付近では判定精度が悪くなることがある

p.248で判別精度を求めたところ、顧客データ41件のうち、32件が基データの「来店有無」と一致していました。つまり、9件の判断は誤っていたことがわかります。

このとき、判定値が 0.5 に近いデータの場合は、判定精度が悪くなることがあるのです。

ここで、第 1 日の p.29 で説明した**フィルタ機能**を使って、基データの 41 件のうち、判断を誤ったデータを抽出してみましょう。

基データの範囲内のセルのうち、任意の 1 か所を選択した状態で、「データ」タブの「並べ替えとフィルター」グループの「フィルター」のメニューをクリックします。

そして I 列の「正解」の列のうち、「×」のデータだけを抽出したときの、「推定値」に注目します[10]。

この場合、誤った予測をしている 9 件は、実際の来店有無では「来店しない」となっていたお客様について、「来店する」と予測しているものでした。

	A	B	C	D	E	F	G	H	I
1	顧客ID	性別	居住地	購入金額	来店有無	来店有無	推定値	推定値による判定	正解
18	17	女性	市内	2000	来店しない	0	0.519665	1	×
19	18	女性	市内	2000	来店しない	0	0.519665	1	×
20	19	女性	市内	3000	来店しない	0	0.631059	1	×
21	20	女性	市内	3000	来店しない	0	0.631059	1	×
28	27	女性	隣接	3000	来店しない	0	0.530065	1	×
35	34	男性	市内	2000	来店しない	0	0.741655	1	×
36	35	男性	市内	2000	来店しない	0	0.741655	1	×
41	40	男性	隣接	3000	来店しない	0	0.752055	1	×
42	41	男性	隣接	5000	来店しない	0	0.974844	1	×
43									

推定値を見ると、0.5 から 0.6 付近になっているものが約半数ありました。

推定値が 0.7 を上回っているのに来店しなかったお客様がいたことについては、分析に採り入れなかった「性別」、「居住地」、「購入金額」以外に、何か別な事情があったのかもしれません。

マーケティングの観点から、回帰分析に採り入れる説明変数は、自社・自店で計測することができたり、情報を得ることができるもの、またコントロールできるものにするとよいでしょう。

---

[10] 繰り返しになりますが、分析に利用したデータについて回帰式で求める値は、Excel では「予測値」と表現していても、「推定値」と呼びましょう。

7.2.7　統計学的により最適な判別式を求める

　第5日5.1.2の「目的変数を決めて、分析に採り入れる説明変数を考える」（p.167）で説明したように、回帰分析実行用データは、説明変数の個数をなるべく少なくするようにしましょう。

　そして、説明変数のひとかたまりという単位で、どの説明変数を採り入れるのかを確かめるのに、5.2.4（p.179）で説明した要領で**変数選択**（へんすうせんたく）を行いましょう。

🟢 最適な判別式を求める手順

　最適な判別式は、次のような手順で求めます。

① すべての説明変数を使って回帰分析を実行する
② 影響度が最も小さい説明変数を取り除いて、再度回帰分析を実行する
③ 説明変数が1個になるまで、②の手順を繰り返す（この事例では、「性別」、「居住地」、「購入金額」の3つの説明変数があるので、回帰分析は3回実行します）
④ すべての回帰分析実行結果から、「補正R2」の欄、自由度調整済決定係数を比較して、最も大きな値を示した実行結果から作る回帰式を、最適な回帰式とする

　まず①はすでにすませたので、影響度の小さい説明変数を取り除きましょう。
　7.2.5（p.248）で説明した方法で、影響度を求めましょう。ここでは「居住地」の影響度が最も小さいので、残りの「性別」と「購入金額」の2つを説明変数として回帰分析を実行しましょう。

　今回のデータでは、B列の（性別の）「女性」と「購入金額」の2つだけを使いたいのですが、実はデータ分析ツールの「回帰分析」にある「入力X範囲」の指定は、［Ctrl］キーを押しながら離れた列を指定することができません。

　仕方がないので、（居住地の）「市内」の列を取り除いた回帰分析実行用データを作ります。

7.2 重回帰分析で線形判別分析

「性別」と「購入金額」の2つの変数を使って回帰分析を行ったときの結果は、次のように表示されました。

「性別」と「購入金額」のうち、影響度の低い変数は、「性別」だとわかります。
「性別」を取り除いて、「購入金額」だけを使って回帰分析を実行します。回帰分析の実行結果は次のように表示されます。

[第❼日] 判別分析 ─顧客サービス満足度の分析

概要					
回帰統計					
重相関 R	0.084656085				
重決定 R2	0.007166653				
補正 R2	-0.018290613				
標準誤差	0.484462143				
観測数	41				

分散分析表					
	自由度	変動	分散	観測された分散比	有意 F
回帰	1	0.066073	0.066073	0.281516989	0.598717
残差	39	9.153439	0.234704		
合計	40	9.219512			

	係数	標準誤差	t	P-値	下限 95%	上限 95%	下限 95.0%	上限 95.0%
切片	0.714285714	0.129478	5.516659	2.42774E-06	0.452392	0.97618	0.452392	0.97618
女性	-0.084656085	0.159553	-0.53058	0.598717152	-0.40738	0.238071	-0.40738	0.238071

3つの回帰分析実行結果を求めることができました。これで最適な判別式を求める手順のうち、③の手順まですみました。

④の手順にある自由度調整済決定係数を比較すると、3つの変数を採り入れたときが、統計学的に最適な判別式だということがわかりました。

	性　別	居住地	購入金額	自由度調整済決定係数
①3変数	○	○	○	0.050
②2変数	○	─	○	0.065
③1変数	○	─	─	-0.02

ここで、「性別」と「購入金額」の判別式は、次のようになります。

$$判別予測 = 0.4798578 + \begin{bmatrix} -0.2027\,(女性) \\ 0\,(男性) \end{bmatrix}^{性別} + 0.0001094 \times 購入金額$$

お客様の性別や購入金額の新たなデータが得られたら、この判別式に当てはめて、判別値が 0.5 を超えていれば「来店する」と予測しましょう。

また、「来店有無」に対する影響度は、値の絶対値で判断するので、「性別」よりも「購入金額」の方が大きいことがわかります。

7.3 二項ロジスティック回帰分析

7.3.1 二項ロジスティック回帰分析の流れ

🌱 最適な判別式を求める手順

ロジスティック回帰分析は、目的変数の推定値が0〜1に収まることから、7.2（p.242）で説明した線形判別分析よりも比較的よく使われます。

線形判別分析では回帰係数が線形[11]でしたが、ロジスティック回帰分析では**成長曲線**[12]（Growth Curve）の一種であるロジスティック曲線を当てはめ、目的変数の推定値・予測値が0〜1内のいくらになるのかを求めます。

🌱 成長曲線とは

成長曲線とは、一般に時系列データの場合では、①始めのうちは緩やかに増加する→②徐々に増加量が大きくなる→③再び緩やかな増加傾向を示す→④最終的には一定の量に収束する、というような傾向を示すものを指します。

時系列の図を以下に示しておきます。

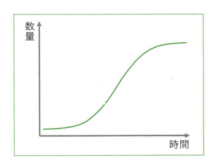

---

[11] 線形回帰分析の回帰係数は、直線の傾き度合い、つまり説明変数が1増加するごとに目的変数がどれだけ増加するかを表します。第4日を参照してください。

[12] 第6日で説明した時系列データの外挿に関連して、ロジスティック曲線で外挿する事例もあります。仕入数量や販売数量に限度があって、緩やかな伸びを示し、次第に増加量が大きくなり、最終的にに一定の数量に収束するようなモデルを当てはめるのに有効です。
　たとえば、累積販売数量などが増加中で、最終的に完売するのがいつかを予測するなどがあります。

［第❼日］判別分析 ―顧客サービス満足度の分析

ロジスティック回帰分析で使うロジスティック曲線は、目的変数（縦軸）0から1の範囲に収まることを前提として使われます。

🌱 ロジスティック回帰分析の手順

ロジスティック回帰分析の手順は、次のようになります。

① 目的変数（判別の対象となる項目）を決める
② 目的変数を、回帰分析を実行するため、0・1のダミー変数に置き換える
③ 説明変数を決める
④ 説明変数同士で強すぎる相関関係を解消する
⑤ 直線的に扱うことができるようにするため、ロジット変換（後述）を行う
⑥ Excelのデータ分析ツールの「回帰分析」で回帰分析を行う場合は、説明変数は16個までにする
⑦ データ行数は、回帰分析の「入力X範囲」で指定する列の数＋2行以上にする（「入力X範囲」で指定する列が5列の場合は、7行以上のデータ行数が必要だということになります）
⑧ 回帰分析を実行し、回帰分析の出力結果から、切片と回帰係数を基に、判別式を作る
⑨ 直線的に扱った結果から、ロジスティック曲線的に扱う（つまり、0〜1の範囲に収めるため、得られた予測値・推定値について、ロジット値から確率に戻します）
⑩ 確率（判定値）が0.5を境に、②で置き換えた0や1のうち、どちらが近いのかを判別します。

7.3.2　回帰分析実行用データを準備する

🌱 ロジスティック回帰分析の目的変数と説明変数を決める

次のページの表は、12件の得意先について、資本金、年商、提案回数の情報と、成約率についてまとめたものです。ここから、得意先の情報に応じて成約できるかどうかを予測します。

ここでは、得意先から「受注」したか「逸注」したかを目的変数とします。

そして、受注できるかどうかを左右しそうな要因である得意先の情報として、「資本金」、「年商」、「提案回数」の3つの要因をあげることにします。

	A	B	C	D	E	F
1	No.	資本金（百万円）	年商（百万円）	提案回数	成約率	
2	1	10	450	41	0.97	
3	2	10	800	38	0.89	
4	3	10	600	43	0.81	
5	4	30	1300	13	0.12	
6	5	30	3200	48	0.54	
7	6	30	1300	27	0.8	
8	7	40	1800	16	0.4	
9	8	40	1000	18	0.55	
10	9	30	3200	16	0.3	
11	10	20	3600	13	0.3	
12	11	10	2500	11	0.45	
13	12	50	1700	38	0.09	
14						

7.3.3　目的変数をロジット変換する

イメージでとらえられるよう、下図のグラフで説明しましょう。

下図に実線で描かれたのがロジスティック曲線、点線で描かれたのがロジスティック曲線の傾向を示すデータをロジット変換した値を示す線です。ロジット変換した点線は、より直線に近いことがわかります。

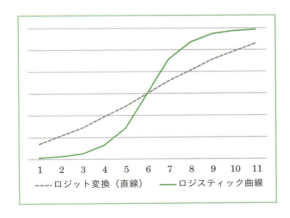

このように、線形回帰分析で扱うことができるよう直線に変換することを**ロジット変換**と呼び、ロジット変換した後の値のことを**ロジット値**と呼びます。

目的変数を実数からロジット値に変換するには、次のように計算します[13]。

$$ロジット値 = \log_e \frac{目的変数の値}{1 - 目的変数の値}$$

ロジット値を求める上の式で、「目的変数の値」としている部分は、正しくは「確率」です。本事例では0・1のダミー変数を目的変数としているので、わかりやすいように「目的変数の値」としています。

なお、logついては付録（p.269）で解説します。

まず1行目のデータに注目します。目的変数である「成約率」は0.97です。上で説明したロジット変換の式に0.97を次のように当てはめます。

$$ロジット値 = \log_e \frac{0.97}{1 - 0.97}$$

これを計算すると、3.476と求めることができます。

Excelでは、E2セルに1番目の得意先の成約率が入力されているので、次のように入力します。

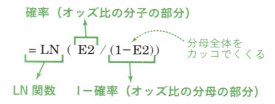

A	B	C	D	E	F
No.	資本金（百万円）	年商（百万円）	提案回数	成約率	ロジット値
1	10	450	41	0.97	3.47609869
2	10	800	38	0.89	
3	10	600	43	0.81	
4	30	1300	13	0.12	
5	30	3200	48	0.54	
6	30	1300	27	0.8	
7	40	1800	16	0.4	
8	40	1000	18	0.55	
9	30	3200	16	0.3	
10	20	3600	13	0.3	
11	10	2500	11	0.45	
12	50	1700	38	0.09	

---

[13] ここでは「確率」の代わりに「目的変数の値」としましたが、分子は確率が1（100%）になる確率（ここでは「成約」する確率）、分母は1（100%）にならない確率を表します。確率が0.5（つまり50%）の場合は、1になる確率も1にならない確率も同じということで、結果は1になります。この $\frac{確率}{1 - 確率}$ のことを、**オッズ比**（Odds Ratio）と呼びます。

この計算がすんだら、2 行目以降にもこの式をコピペします。

7.3.4 回帰分析を実行する

第 5 日で説明した重回帰分析の要領で、ロジット変換した値（ロジット値）を、目的変数、「資本金」・「年商」・「提案回数」を説明変数として、次の手順で回帰分析を実行します。

① 「データ」タブの「分析」グループから「データ分析」を選択します。
② 表示された「データ分析」ウィンドウから「回帰分析」を選択します。
③ 表示された「回帰分析」の設定画面に、次のように設定します。
  - 入力 Y 範囲 (Y)：**ロジット値の範囲を選択します**（ここでは F1 ～ F13 セル）
  - 入力 X 範囲 (X)：**説明変数の範囲を選択します**（ここでは B1 ～ D13 セル）
  - ラベル (L)：**データラベル（Excel の 1 行目）も範囲選択したので、チェックを入れます。**
  - 出力オプション：**任意の出力先を指定します**（p.68 参照）
  - 残差 (R)：**残差出力を行うので、チェックを入れます。**
④ 設定がすんだら、「**OK**」ボタンをクリックします。

回帰分析実行結果は、次のように表示されました。

回帰分析実行結果のうち、切片と回帰係数から、次のように判別式を作ります。
なお、この式は、目的変数で「成約」を 1、「逸注」を 0 としており、1（つまり「成約」）になる確率を求める過程で、判別のための材料に使うのに求めます。

判別値＝1.891－0.067×資本金－0.0052×年商＋0.03533×提案回数

もし新たな得意先で、「資本金」が 1,500 万円、「年商」が 3 億円、「提案回数」が 40 回の場合は、

判定値＝1.891－0.067×15－0.0052×300＋0.03533×40

という式になり、これを計算すると **2.14** という結果が得られました。

ここで、ロジット変換した値を基に得られた判別値から、次の式で確率に戻します[14]（手順⑧）。

$$確率 = \frac{EXP(判定値)}{1+EXP(判定値)}$$

新たな得意先で、「資本金」が **1,500** 万円、「年商」が **3** 億円、「提案回数」が **40** 回の場合の判定値、**2.14** を上の計算によって確率に戻すと、次のように求めることができます。

$$確率 = \frac{EXP(2.14)}{1+EXP(2.14)}$$

Excel では、次のように計算式を入力します。判定値は **F15** セルに入力している場合で説明します。

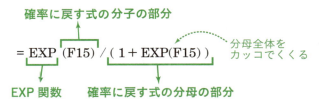

	A	B	C	D	E	F	G
1	No.	資本金（百万円）	年商（百万円）	提案回数	成約率	ロジット値	
2	1	10	450	41	0.97	3.47609869	
3	2	10	800	38	0.89	2.0907411	
4	3	10	600	43	0.81	1.45001018	
5	4	30	1300	13	0.12	-1.9924302	
6	5	30	3200	48	0.54	0.16034265	
7	6	30	1300	27	0.8	1.38629436	
8	7	40	1800	16	0.4	-0.4054651	
9	8	40	1000	18	0.55	0.2006707	
10	9	30	3200	16	0.3	-0.8472979	
11	10	20	3600	13	0.3	-0.8472979	
12	11	10	2500	11	0.45	-0.2006707	
13	12	50	1700	38	0.09	-2.3136349	
14							
15		15	300	40		2.14349133	
16							
17						0.895059	
18							

---

[14] Excel の LN 関数と EXP 関数については、付録（p.269）で説明しています。

この場合、0.895 と求めることができました。これは目的変数の「受注」を 1 として分析をしたので、「資本金」が 1,500 万円、「年商」が 3 億円、「提案回数」が 40 回の得意先から受注する確率は 0.895、つまり 89.5％だと解釈します。

🌱 判別精度を探る 〜実務での落とし所

　ロジスティック回帰分析では、0.5 を境に 1（この事例では「受注する」）に近いかどうかで判断することがあります。

　下図 K 列では、成約率（E 列）と確率（H 列）で、0.5 を上回っているかどうかを比べてみました。

　成約率と確率の両方が 0.5 を上回っている、また両方が 0.5 を下回っていると判定できているのは、12 件のうち 9 件でした。つまり、正しく判別できたのは 9÷12 ＝ 0.75 で 75％となります。

No.	資本金（百万円）	年商（百万円）	提案回数	成約率	ロジット値	判定値	確率	正解
1	10	450	41	0.97	3.47609869	2.43588392	0.91952302	〇
2	10	800	38	0.89	2.0907411	2.14807444	0.8954887	〇
3	10	600	43	0.81	1.45001018	2.42862214	0.91898401	〇
4	30	1300	13	0.12	-1.9924302	-0.3348616	0.4170582	〇
5	30	3200	48	0.54	0.16034265	-0.0853182	0.47868337	×
6	30	1300	27	0.3	1.38629436	0.15976207	0.53985578	×
7	40	1800	16	0.4	-0.4054651	-1.158581	0.23892521	〇
8	40	1000	18	0.55	0.2006707	-0.6723349	0.33797421	×
9	30	3200	16	0.3	-0.8472979	-1.2158866	0.22866115	〇
10	20	3600	13	0.3	-0.8472979	-0.8597009	0.29740185	〇
11	10	2500	11	0.45	-0.2006707	0.31103805	0.57713862	×
12	50	1700	38	0.09	-2.3136349	-0.9993364	0.26907192	〇

　しかし、No.5 は実際の成約率は 0.54、（ロジスティック回帰式で得られた）確率は 0.48 と、あまり変わらないので、これはこれで比較的近い予測ができていると考えてもよさそうです。

　また、No. 4、6 や 8 の得意先については、実際の成約率とロジスティック回帰式によって得られた確率とでは、少しかけ離れているようです。成約率とロジスティック回帰式によって得られた確率は「率」なので、それぞれの率について何ポイントの差があるのかを表すため、成約率から確率を引いてみました。

	A	B	C	D	E	F	G	H	K	L	M
1	No.	資本金（百万円）	年商（百万円）	提案回数	成約率	ロジット値	判定値	確率	正解	差	
2	1	10	450	41	0.97	3.47609869	2.43588392	0.91952302	○	0.05047698	
3	2	10	800	38	0.89	2.0907411	2.14807444	0.8954887	○	-0.0054887	
4	3	10	600	43	0.81	1.45001018	2.42862214	0.91898401	○	-0.108984	
5	4	30	1300	13	0.12	-1.9924302	-0.3348616	0.4170582	○	-0.2970582	
6	5	30	3200	48	0.54	0.16034265	-0.0853182	0.47868337	×	0.06131663	
7	6	30	1300	27	0.8	1.38629436	0.15976207	0.53985578	○	0.26014422	
8	7	40	1800	16	0.4	-0.4054651	-1.158581	0.23892521	○	0.16107479	
9	8	40	1000	18	0.55	0.2006707	-0.6723249	0.33797421	×	0.21202579	
10	9	30	3200	16	0.3	-0.8472979	-1.2158866	0.22866115	○	0.07133885	
11	10	20	3600	13	0.3	-0.8472979	-0.8597009	0.29740185	○	0.00259815	
12	11	10	2500	11	0.45	-0.2006707	0.31103805	0.57713862	×	-0.1271386	
13	12	50	1700	38	0.09	-2.3136349	-0.9993364	0.26907192	○	-0.1790719	
14											

　No.4 の得意先は 29.7 ポイントの差がある[15] など、実際の成約率とは少しかけ離れているので、引き続き日常業務を通じて、判別精度に注目した方がよいでしょう。

　また、回帰式を求めているので、例えば提案回数を 1 回増やせば判定値は 0.03533 増えることがわかり、判定値が増えれば増えるほど成約率は上がっていくことも、これまでの分析過程からわかります。

　しかし、際限なく要因の値を増やしていくことが有効かどうかは別な話です。第 6 日の冒頭で説明したことを思い出してください。繰り返しますが、あくまでも「過去の直線や曲線的な傾向がそのまま将来にわたって継続することを前提に予測をする」のだということを忘れてはなりません。

　つまり、回帰式はあくまで回帰分析を行ったデータの条件が変わらないことが前提になっているので、たとえば「提案回数が 60 回」といった、基データとかけ離れた値を回帰式に採り入れて成約率を予測しようとするのは、誤った考え方なのです。

---

[15] パーセントの差を求める場合の表現は一般に、「○○パーセントの差がある」とは言わず、「○○ポイントの差がある」と言います。
　これは、例えば 12% に対して 41% の確率だったという場合、29% の差があったというと、12% に対して約 3 割の差があったのと誤解を生じやすいため、「○○ポイントの差」と表現しているのです。

7.3.5 最適なロジスティック回帰式も求めてみよう 〜変数選択

第 5 日 5.2.4（p.177）で説明したように、ここでは「資本金」、「年商」、「提案回数」の 3 つを説明変数としていましたが、説明変数はこれらの 3 つの場合がよいのか、2 つのみの場合がよいのか、1 つのみの場合がよいのかを検討しましょう。

説明変数は 3 つあったので、回帰分析は最大 3 回実施します。

3 つの要因で回帰分析を実行した結果、値の絶対値が最も小さかった「提案回数」を取り除いて、「資本金」と「年商」の 2 つを説明変数として回帰分析を実行します。

概要

回帰統計	
重相関 R	0.782156
重決定 R2	0.611768
補正 R2	0.525494
標準誤差	1.15863
観測数	12

分散分析表

	自由度	変動	分散	観測された分散比	有意 F
回帰	2	19.0383	9.519148	7.091013325	0.014155
残差	9	12.08182	1.342424		
合計	11	31.12011			

	係数	標準誤差	t	P-値	下限 95%	上限 95%	下限 95.0%	上限 95.0%
切片	3.206192	0.87114	3.680454	0.005071897	1.235536	5.176849	1.235536	5.176849
資本金（百万円）	-0.07085	0.025715	-2.75516	0.022288033	-0.12902	-0.01268	-0.12902	-0.01268
年商（百万円）	-0.00067	0.000325	-2.05621	0.069907241	-0.00141	6.7E-05	-0.00141	6.7E-05

回帰分析実行結果から、t 値の絶対値が最も小さい説明変数は、「年商」でした。そこで「資本金」のみを説明変数として回帰分析を実行しました。

概要								
回帰統計								
重相関 R	0.655275							
重決定 R2	0.429585							
補正 R2	0.372523							
標準誤差	1.332577							
観測数	12							
分散分析表								
	自由度	変動	分散	観測された分散比	有意 F			
回帰	1	13.3625	13.3625	7.524945183	0.02072			
残差	10	17.75761	1.775761					
合計	11	31.12011						
	係数	標準誤差	t	P-値	下限 95%	上限 95%	下限 95.0%	上限 95.0%
切片	2.244581	0.84531	2.655334	0.024091469	0.361112	4.128049	0.361112	4.128049
資本金（百万円）	-0.07993	0.029137	-2.74316	0.020719947	-0.14485	-0.01501	-0.14485	-0.01501

これで回帰分析の手順は終わりました。

自由度調整済決定係数（「補正 R2」の欄）から、この 3 つの出力結果のうち、統計学的に最適なロジスティック回帰モデルは、最も大きい値を示した 3 つとも説明変数に採り入れたときだと判断できます。

🌱 多重共線性にも要注意

第 5 日 5.2.5（p.184）で触れたことを思い出してください。このロジスティック回帰分析でも同じように注意が必要なのです。

回帰分析を行う前に、説明変数を吟味するとき、すべての変数について相関係数を求めて、説明変数同士で高い相関関係がある状態を解消することを忘れないようにしましょう。

第7日のまとめ

　本書では、判別分析は線形判別分析とロジスティック回帰分析のうち、Excelで分析しやすい二項ロジスティック回帰分析の2種類を説明しました。

　線形判別分析（p.242）は、第5日で説明した重回帰分析をそのまま判別分析に利用した分析方法でした。目的変数は「来店する」、「来店しない」のような2値にして、重回帰分析を行うのに、0・1のダミー変数に置き換えます。

　二項ロジスティック回帰分析（p.255）は、「受注する」確率を求め、便宜上、判定値の0.5を境に判別予測をしました。

　どちらの判別分析も、重回帰分析を利用するので、説明変数同士で強い相関関係にある組み合わせをあらかじめ解消しておきましょう。

　また判別のモデルで自由度調整済決定係数が負の値にならないことも、併せて確認しましょう。

これで7日間の講義はおしまいです。お疲れさまでした。
本書があなたの会社やお店にとって、業績向上を目指した意思決定支援のため、データの活用の範囲を確実に拡げるきっかけになることを心から願っています。

付録

補 講

本書をより活用するために
役立つ知識のまとめ

1	累乗・$\sqrt{}$・log とは	268
2	基本統計量のまとめ	270
3	そもそも正規分布とは	274
4	回帰分析について	275
5	データ分析ツール「回帰分析」のエラーメッセージ	278
6	説明変数選択規準	279
7	回帰分析が利用できるその他の事例	280
8	多変量解析手法一覧	282

補講1 　累乗・√・log とは

[第 2、6、7 日など]

🌱 2 の 3 乗 !? 〜累乗の説明

ある数を何回か掛け算することを、**累乗**または**べき乗**と呼びます。

書き方	読み方	答え	意味	Excel の入力
2^3	2 の 3 乗	8	2 を 3 回掛け算する $\underset{❶}{2} \times \underset{❷}{2} \times \underset{❸}{2}$	=2^3 または =POWER(2,3)
10^{-2}	10 のマイナス 2 乗	0.01	$\frac{1}{10}$ を 2 回掛け算する $\underset{❶}{\frac{1}{10}} \times \underset{❷}{\frac{1}{10}}$ 10 のマイナス 2 乗とは、10 の逆数、つまり $\frac{1}{10 \text{ の 2 乗}} = \frac{1}{100}$ ということになります	=10^-2 または =POWER(10,-2)

🌱 Excel で「2.15E-09」はどういう意味？

第 4 日の p.154 で出てきた「2.15E−09」、第 5 日の p.181 で出てきた「9.80789E−05」はそれぞれ次の意味があります。いずれもほぼ 0 ということです。

表記	意味
2.15E-09	$2.15 \times 10^{-9} = 0.00000000215$
9.80789E-05	$9.80789 \times 10^{-5} = 0.0000980789$

また、「3.68E+09」のように、E の後ろに「＋」の記号がある場合は、3.68×10^9 という意味です。

このように、Excel などでは、とても小さな／大きな値を限られたスペースで表記できる方法を採用しています。この表記方法を、**浮動小数点表記**と呼んでいます。

なお、「2.15E−09」の場合、2.15 は四捨五入されているので、表示されない桁に誤差が出てきます。「3.68E＋09」のように大きな値の場合、特に誤差が大きくなります。

近似曲線の追加機能のこうした表記から、数値でより正確に表記させたい場合は、次の手順で表記方法を変更します。

① 近似曲線の追加機能で表示させた数式部分で右クリックをします。
② 表示されたメニューから、「近似曲線ラベルの書式設定 (F)」を選択します。
③ 表示形式のカテゴリを「数値」に変更します。小数点以下の調整が必要な場合は、そこで「小数点以下の桁数 (D)」を必要に応じて設定します。

🌱 平方根

平方根とは、2乗すると√の内側に書かれた数になることを表します。

書き方	読み方	答え	意味	Excelの入力
$\sqrt{3}$	ルート3 または 3の平方根	1.732…	2乗すると3になる数 3の$\frac{1}{2}$乗と同じことです	=SQRT(3) または =3^(1/2)
$\sqrt[3]{2}$	2の3乗根	1.259…	3乗すると2になる数 2の$\frac{1}{3}$乗と同じことです	=2^(1/3)

🌱 log

初めて対数、また **log** の記号に触れる方、また忘れてしまった方は、最初の段階として、概念を次のように理解しておきましょう。

対数では、「$\log_2 8$」のような表記があります。これは、「2を何乗すると8になるか？」という意味です。8は2の3乗なので、$\log_2 8 = 3$ となります。Excelでは **LOG 関数**を使って、「=LOG(8,2)」と入力すると、そこには「3」と表示されます。

これで2にあたる値のことを**底**、8にあたる値のことを**真数**と呼びます。そして、底が10の対数を**常用対数**と呼びます。常用対数では通例、底の10は省略されます。

log100 は、Excel では **LOG10 関数**を使って「=LOG10(100)」と入力するか、底を省略し「=LOG(100)」と入力すると2と表示されます。log1000 は 4 で、常用対数では 4 は 3 の 10 倍という関係があります。

また、底が e のときの対数のことを**自然対数**と呼びます。

π が円周率（直径に対する円周の比率）を表し、約 3.1415 と定義されているように、自然対数の底 e は**ネイピア数**とも呼び、約 2.718 と定義されています。

次の表は、我々が通常使っている数（表では「真数」としています）と、e を底とした自然対数との関係を表しています。このとき、通常の数で2と4、4と8、また6と12、8と16、10と20という2倍の関係にある数に注目しましょう。この関係について、e を底とした自然対数も見てみましょう。

e を底とした自然対数では、真数で2倍の関係にある値の差は、どれも一定になる関係があると理解しましょう。なお真数から e を底とした自然対数に変換するには、Excel では **LN 関数**を使います。e を底とした自然対数から真数に変換するには、Excel では **EXP 関数**を使います。LN 関数は EXP 関数の逆関数という関係があります。

補講 2 | 基本統計量のまとめ

［第2日など］

第2日で説明した基本統計量を中心に表にまとめました。

用語			用語の説明	Excel の関数
合計			データの合計。	SUM
標本数			サンプルサイズまたは標本のサイズのこと。統計学では一般に n と表されます。なお、統計学で「標本数」は、母集団から抽出したデータのひとかたまりのことを指すのが一般的です。	COUNT
代表値	平均	単純平均（相加平均）	すべてのデータの合計を、データの個数で割り算した値。基本統計量の「平均」はこの値を表示します。英語では「Average」（統計では「Mean」も使われます）。$$\bar{x}_m = \frac{\sum_{i=1}^{n} x_i}{n} = \frac{x_1 + x_2 + \cdots + x_n}{n}$$	AVERAGE
		幾何平均（相乗平均）	すべてのデータの値を掛け算し、n 乗根（n 分の1乗）した値。負の値や0が含まれていると求めることはできません。英語は Geometric Mean（Excel の基本統計量機能では出力内容に含まれません）。$$\bar{x}_g = \sqrt[n]{\prod_{i=1}^{n} x_i} = \sqrt[n]{x_1 \times x_2 \times \ldots \times x_n} = (x_1 \times x_2 \times \ldots \times x_n)^{\frac{1}{n}}$$ また、次の方法もあります。$$\bar{x}_g = \mathrm{EXP}\left(\sum_{i=1}^{n} \log \frac{x_i}{n}\right)$$	GEOMEAN
		調和平均	データの値を逆数にした値をすべて足し算したものを分母にし、データ数を分子として計算したもの。英語は Harmonic Mean（Excel の基本統計量機能では出力内容に含まれません）。$$\bar{x}_h = \frac{n}{\sum_{i=1}^{n} \frac{1}{x_i}} = \frac{n}{\frac{1}{x_1} + \frac{1}{x_2} + \cdots + \frac{1}{x_n}}$$	HARMEAN
			単純平均・幾何平均・調和平均の関係は次のとおりになります。 　単純平均 ≧ 幾何平均 ≧ 調和平均	
	中央値		データを降順または昇順で並べたときに、ちょうど中間にくる値のこと。データの個数が偶数個の場合は、中央の2個の値の平均値を表します。英語は Median。	MEDIAN
	最頻値		データの中で最も多く現れる数値のこと。英語は Mode。	【Excel2010〜】 MODE.SNGL MODE.MULT 【〜Excel2007】 MODE

補講2 基本統計量のまとめ

用語			用語の説明	Excelの関数
ばらつき	分散		平均値からどの程度の範囲でばらついているかを表したもの。	
		不偏分散	分母はデータの自由度。母集団の推定の場合は、こちらを用います。英語は Unbiased Variance。$$V = \frac{\sum_{i=1}^{n}(x_i - \bar{x})^2}{n-1}$$	【Excel2010〜】 VAR.S 【〜Excel2007】 VAR
		標本分散	母集団に対する標本ではなく、データすべてに対する分散はこちらを利用します。分母はサンプルサイズ。英語は Sample Variance（Excelの基本統計量機能では出力内容に含まれません）。$$V = \frac{\sum_{i=1}^{n}(x_i - \bar{x})^2}{n}$$	【Excel2010〜】 VAR.P 【〜Excel2007】 VARP
	標準偏差		平均値からどの程度の範囲でばらついているかを表したもの。分散では偏差を2乗しており、データとの単位をそろえるため、分散の平方根を取っています。特に、正規分布の場合、平均値±標準偏差との間には、常に約68.3％のデータが含まれます。	
		不偏標準偏差	分母はデータの自由度。母集団の推定の場合は、こちらを用います。英語は Unbiased Standard Deviation。$$\sigma = \sqrt{\frac{\sum_{i=1}^{n}(x_i - \bar{x})^2}{n-1}}$$	【Excel2010〜】 STDEV.S 【〜Excel2007】 STDEV
		標本標準偏差	母集団に対する標本ではなく、データすべてに対する標準偏差はこちらを用います。分母はデータ数。英語は Sample Standard Deviation（Excelの基本統計量機能では出力内容に含まれません）。$$\sigma = \sqrt{\frac{\sum_{i=1}^{n}(x_i - \bar{x})^2}{n}}$$	【Excel2010〜】 STDEV.P 【〜Excel2007】 STDEVP
	標準誤差		標本の平均値を基に、母集団の平均値がどれだけの間に収まるかを推定するときに用います。Excelで直接標準誤差を求める関数はありません。英語は Standard Error。次の式の標準偏差は、不偏標準偏差を指します。$$SE = \frac{\sigma}{\sqrt{n}}$$	
	レンジ		データの最大値から最小値の差を求めたもの。英語は Range。	最大値：MAX 最小値：MIN

[付録] 補講―本書をより活用するために役立つ知識のまとめ

用語		用語の説明	Excelの関数
歪度・尖度	歪度(わいど)	データの分布を描いたとき、正規分布と比べて、どの程度歪んでいるかを示します。英語はSkewness。 $$\varsigma = \sum_{i=1}^{n} \frac{(x_i - \bar{x})^3}{n\sigma^3}$$ ただし上記は定義式であり、ExcelのほかS-PLUS・SPSSなどの統計解析ソフトでは、次の数式を採用しています。 $$\varsigma = \frac{n}{(n-1)(n-2)} \sum_{i=1}^{n} \left(\frac{x_i - \bar{x}}{\sigma}\right)^3$$ 正規分布(歪度:0) / 歪度:正 / 歪度:負	SKEW
	尖度(せんど)	データの分布を描いたとき、正規分布と比べて、どの程度尖っているかを示します。英語はKurtosis。 $$\kappa = \sum_{i=1}^{n} \frac{(x_i - \bar{x})^4}{n\sigma^4}$$ ただし上記は定義式であり、ExcelのほかS-PLUS・SPSSなどの統計解析ソフトでは、次の数式を採用しています。 $$\kappa = \frac{n(n+1)}{(n-1)(n-2)(n-3)} \sum_{i=1}^{n} \left(\frac{x_i - \bar{x}}{\sigma}\right)^4 - \frac{3(n-1)^2}{(n-2)(n-3)}$$ 正規分布(歪度:0) / 尖度:正 / 尖度:負	KURT

【表中の記号の意味】

n：サンプルサイズ

x_1：1番目のデータ、x_2：2番目のデータ、x_n：最後のデータ

$\bar{x}$：データの単純平均値

$\sum$：その後に続く記号や数値の合計

$\sum_{i=1}^{n}$：その後に続く記号や数値について、1番目のデータから順番に最後のデータまで求め、すべて足し算する

σ：標準偏差

🟢 データ分析ツール「基本統計量」機能のその他の出力

平均の信頼区間の出力

母集団の推定において、母集団の平均値が収まる範囲をここで指定した確率の下で示しています。初期値は 0.95、つまり 95％なので、母集団から 100 回データを抽出するうち 5 回はこの範囲には収まらないことを表します。

本来、平均の信頼区間は、平均値を境に両側の範囲を指すのですが、Excel のこの機能では、片側の範囲を示しています。

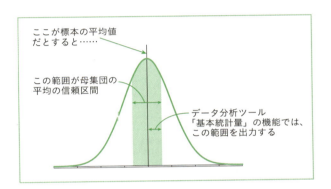

K 番目に大きな値

データを降順に並べ替えたとき、何番目の値を出力させるのかを指定します。LARGE 関数でも同様の出力ができます。LARGE 関数は、次のように指定します。

= LARGE（データの範囲，降順で何番目の値を出力させるか）

下記のデータで「2」を指定すると、「6」と出力します。

K 番目に小さな値

データを昇順に並べ替えたとき、何番目の値を出力させるのかを指定します。SMALL 関数でも同様の出力ができます。SMALL 関数は、次のように指定します。

= SMALL（データの範囲，昇順で何番目の値を出力させるか）

下記のデータで「2」を指定すると、「3」と出力します。

データ
1
3
4
6
9

補講3 そもそも正規分布とは

[第2、3日など]

　統計学では、分布の形が大切になってくることがあります。分布の形の中で、統計学でよく利用されるのが**正規分布**です。

　正規分布は、平均値を中心とした左右対称の分布の形をしています。一番度数の大きい部分が平均値・中央値・最頻値となります。充分にデータを集めれば、偶然によって起こることの分布は、一般に正規分布の形になると言われています。

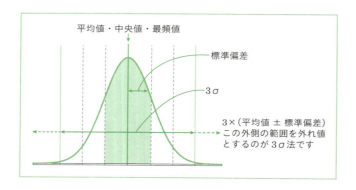

　また、データの個数が充分に多く、正規分布のデータであれば、「平均値±標準偏差」の範囲内には約 68.3% のデータが含まれます。

🌱 外れ値を検出する方法

　上図のように、「平均値±標準偏差」の3つ分の範囲の外側にあるデータを外れ値とするという方法があります。標準偏差はギリシャ文字の σ 記号で表すことから、この方法を **3σ法** と呼びます。

補講 4　回帰分析について

[第 4、5 日など]

🌱 単回帰分析

説明変数が 1 つのときの回帰分析を指します。統計学では単回帰式を、次のように一般化して表します。

$$y = a + bx$$

ここで、y：目的変数、a：切片、b：説明変数、x：回帰係数です。

🌱 重回帰分析

説明変数が 2 つ以上のときの回帰分析を指します。統計学では重回帰式を、次のように一般化して表します。

$$y = a + b_1 x_1 + b_2 x_2 + \cdots + b_k x_k$$

ここで、y：目的変数、a：切片
　　　　b_1：1 番目の説明変数の回帰係数、x_1：1 番目の説明変数の値
　　　　b_2：2 番目の説明変数の回帰係数、x_2：2 番目の説明変数の値
　　　　b_k：最後の説明変数の回帰係数、x_k：最後の説明変数の値　です。

🌱 データ分析ツール「回帰分析」の実行結果の説明

本書では、統計学の内容からビジネスで比較的良く使われる回帰分析について説明しました。そこで、本書の第 5 日で使用した事例を使って、回帰分析の出力結果のうち、意思決定により役立つ点を抜き出して説明します。

概要

回帰統計	
重相関 R	0.808987 ……①
重決定 R2	0.654459 ……②
補正 R2	0.585351 ……③
標準誤差	2765.27 ……④
観測数	19 ……⑤

分散分析表　……⑥　　　　　　　　　　　　⑦　　　　　⑧

	自由度	変動	分散	観測された分散比	有意 F
回帰	3	1.47E+10	4.91E+09	9.470069602	0.000934
残差	15	7.77E+09	5.18E+08		
合計	18	2.25E+10			

	係数	標準誤差	t	P-値	下限 95%
切片	49293.25	15770.52	3.125658	0.00694348	15679.19
売場面積(m2)	33.2378	8.763113	3.792921	0.001768642	14.55967
所要時間(分)	−1657.52	1342.344	−1.2348	0.235900246	−4518.66
駐車台数	85.77788	518.5626	0.165415	0.87082635	−1019.51

　　　　　　　⑨　　　　⑩　　　　⑪　　　　⑫

用　語	説　明
① 重相関 R	・正しくは「重相関係数」と呼びます。 ・基データの目的変数と推定値との相関係数に一致します。 ・常に 0 と 1 の間の値になります。 ・単回帰分析では、相関係数の絶対値を示します。 ・説明変数を増やせば増やすほど、この値は 1 に近づく傾向にあります。また、「データ行数＝説明変数＋1 行」の関係になる場合は、常に 1 になります。 ・英語では「Multiple Correlation Coefficient」。
② 重決定 R2	・正しくは「決定係数」と呼びます。 $$R^2 = 1 - \frac{残差の変動}{目的変数全体の変動}$$ ・常に 0 と 1 の間になります。 ・①の重相関係数の 2 乗と一致します。 ・回帰式によって、全データの何％を説明できているかを表し、統計学では説明力を示す指標ということで一般に「寄与率」とも呼びます。 ・説明変数を増やせば増やすほど、この値も 1 に近づく傾向にあります。 ・英語では「Multiple R-Squared」、 ・単回帰分析の場合に限り、Excel では RSQ 関数で求めることができます。 ※全体の変動：データの値と平均値との差を 2 乗して合計した値（分散はこれを自由度で割り算した値） ※回帰の変動：平均値と回帰式による推定値との差を 2 乗して合計した値 ※残差の変動：全体の変動から回帰の変動を引き算した値
③ 補正 R2	・正しくは、「自由度調整済決定係数」と呼びます。 ・変数選択の指標の 1 つで、この値が最大となる式が、統計的に最適な回帰式と判断できます。 $$\overline{R}^2 = 1 - (1 - 寄与率) \times \frac{データ行数 - 1}{データ行数 - 説明変数の個数 - 1}$$ ・なお、一定以上の説明力＝寄与率が必要という考え方から、正の値であることを確認しましょう。 ・特に、データ行数が少ない場合、最適な回帰式において、ほかの説明変数選択規準と比べて説明変数の個数を多く取り込む傾向にあります。 ・英語では、「Adjusted R-Squared」。
④ 標準誤差	・「残差」の標準誤差のことで、「残差の分散」の平方根の値になります。 ・分散とは、平均値からどれだけデータがばらついているかを示した基本統計量の 1 つです。 ・単回帰分析の場合に限り、Excel では STEYX 関数で求めることができます。
⑤ 観測数	分析に採り入れたデータの行数のことです。
⑥ 回帰の自由度	・X 範囲に指定した列の数のことを表しています。 ・英語で自由度は「Degrees of Freedom」。 ・ちなみに全体の自由度は、データ数－1 です。また残差の自由度は、全体の自由度から回帰の自由度を引き算した値です。

補講 4　回帰分析について

用　語	説　明
⑦ 観測された分散比	・回帰の分散を残差の分散で割り算したときの値です。 ・回帰の分散が残差に対してどれくらい大きいのかを統計的に検証するために求めます。 ・実際のデータと推定値との間に差が少ない、つまり回帰式の当てはまりが良ければ良いほど残差の分散は少なくなります。よって、当てはまりが良い回帰式の場合はこの値はより大きくなります。 ・1 を中心とする F 分布上の位置を示しています。
⑧ 有意 F	・回帰の分散が残差の分散に対してどれだけ大きいのかを示しています。 ・この値が小さければ小さいほど、回帰の分散が残差の分散に対して大きい、つまり回帰式の意味が大きいと解釈します。 ・なお統計解析ソフトでは（回帰式の）P 値と表し、また単回帰分析では無相関の検定の P 値に一致します。 ・F.DIST 関数（Excel 2007 の場合は FDIST 関数）で求めることができます。F.DIST 関数は「F 分布の確率」を求める関数です。
⑨ 切片	・説明変数の値が 0 のときの目的変数の値を表します。 ・最小自乗法によって求めています。 ・英語では「Intercept」。 ・単回帰分析の場合に限り、Excel では INTERCEPT 関数で求めることができます。
⑩ 回帰係数	・最小自乗法で決定された傾き度合いのことを表します。 ・英語では「Regression Coefficient」。 ・単回帰分析の場合に限り、Excel では SLOPE 関数で求めることができます。
⑪ t 値	・回帰係数÷（隣の）標準誤差で求めた値で、目的変数に対する影響度の大きさを表します。 ・回帰分析では、影響度を求める指標に偏相関係数という指標があるものの、Excel ではサポートしておらず、また t 値・P 値の方が精度は良いとされているので、本書では偏相関係数については触れていません。 ・英語では「t value」。
⑫ P 値	・説明変数を回帰式に採り入れた時の危険率を表します。 ・P は「provability（確率）」の頭文字です。 ・回帰係数が 0 としたときの帰無仮説を基に、0 を中心とした t 分布上の両側確率を求めたものです。 ・統計学の慣例から、有意水準は 5 %（0.05）とすることが多く、P 値が有意水準未満の確率であれば、説明変数は有意であると表現します。しかし、説明変数の採用にあたっては、本書で説明したような変数選択をお勧めします。 ・なお、説明変数の P 値の大小関係は、t 値と裏返しの関係があり、P 値が小さければ小さいほど、説明変数の影響度が高いと判断します。 ・Excel では、T.DIST.2T 関数（Excel 2007 では TDIST 関数）で求めることができます。

補講5 データ分析ツール「回帰分析」の エラーメッセージ

［第4、5、6、7日など］

特に本書で注意を喚起している点を中心に、エラーメッセージについて説明します。

🌱「入力X範囲」に指定できるのは16列まで

「入力X範囲」に17列以上を指定すると表示されるエラーメッセージです。

エラーメッセージでは「16以上の変数」となっていますが、このデータ分析ツールを使って回帰分析を行う場合は、入力X範囲に指定する列の数は、16列以内に収めましょう。16列の指定は可能です。

🌱 入力X範囲では離れた列を指定することはできない

データ分析ツール「回帰分析」で「入力X範囲」を指定する場合は、［Ctrl］キーを押しながら離れた列を指定をすることができません。どうしても離れた列を指定したい場合は、改めて連続した範囲を指定できるよう、表をつくり変える必要があります。

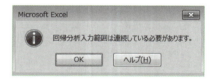

🌱 データ行数は入力X範囲に指定する列の数よりも多くする

これは、回帰分析の一般的なルールですが、説明変数の個数（入力X範囲に指定する列の数）よりも、データ行数の方が多くなければなりません。また第5日の冒頭でも触れたように、回帰分析を行うには、最低限、「説明変数の個数＋2行」以上のデータが必要だということを忘れないようにしましょう。

補講 6

説明変数選択規準

［第 5 日など］

第 5 日では、重回帰分析で最適な回帰式を求める手順を説明しました。ここでは、自由度調整済決定係数、Excel の回帰分析実行結果では「補正 R2」という欄に表示される値を使って、どれが最適な回帰モデルなのかを判断しました。

このほかにも、最適な回帰モデルを判断する指標があります。中でも **AIC**（Akaike Information Criterion：**赤池情報量規準**（あかいけじょうほうりょうきじゅん））は有名です。重回帰分析の説明変数選択規準で使われる AIC は、次の式で求めます。

$$\mathrm{AIC} = \text{データ行数} \times \left\{ \log_e\left(2\pi \times \frac{\text{残差の平方和}}{\text{データ行数}}\right) + 1 \right\} + 2 \times (\text{説明変数の個数} + 2)$$

AIC が最小のモデルが最適と判断します。

- **上田の説明変数選択基準**（うえだのせつめいへんすうせんたくきじゅん）

$$Ru = 1 - (1 - \text{寄与率}) \times \left(\frac{\text{データ行数} + \text{説明変数の個数} + 1}{\text{データ行数} - \text{説明変数の個数} - 1} \right)$$

Ru が最大のモデルが最適と判断します。

Excel の回帰分析実行結果からは、次のように AIC や *Ru* を求めます。下図は第 5 日目のデータで、「売場面積」、「所要時間」、「駐車場台数」の 3 つを説明変数としたときの回帰分析実行結果です。AIC は J17 セルに、*Ru* は J18 セルに求めました。

なお、e を底とする自然対数は LN 関数で、π は PI 関数、残差平方和は残差出力を行ったときの残差の合計で求めています。

	F	G	H	I	J	K	L	M	N	O
10										
11		概要								
12										
13		回帰統計								
14		重相関 R	0.808986502							
15		重決定 R2	0.65445916							
16		補正 R2	0.585350992							
17		標準誤差	22765.26908	AIC =	440.6819494	=H18*(LN(2*PI()*J37/H18)+1)+2*(H22+2)				
18		観測数	19	Ru =	0.470170713	=1-(1-H15)*(H18+H22+1)/(H18-H22-1)				
19										
20		分散分析表								
21			自由度	変動	分散	観測された分散比	有意 F			
22		回帰	3	14723803118	4907934373	9.470069602	0.00093414			
23		残差	15	7773862145	518257476.4					
24		合計	18	22497665263						
25										
26			係数	標準誤差	t	P-値	下限 95%	上限 95%	下限 95.0%	上限 95.0%
27		切片	49293.2525	15770.51938	3.125658155	0.00694348	15679.18614	82907.32	15679.19	82907.32
28		売場面積(m2)	33.23779981	8.763113133	3.792921454	0.001768642	14.5596663	51.91593	14.55967	51.91593
29		所要時間(分)	-1657.520975	1342.34403	-1.234795952	0.235900246	-4518.659549	1203.618	-4518.66	1203.618
30		駐車場台数	85.77787838	518.5626251	0.165414695	0.87082635	-1019.512193	1191.068	-1019.51	1191.068
31										
32										
33										
34		残差出力								
35										
36		観測値	測値: 売上高(千円	残差						
37		1	98472.51415	39127.48585	7773862145	=DEVSQ(I37:I55)				
38		2	129987.8267	-9087.826717						
39		3	99798.10099	-2893.100986						

第 5 日で説明した自由度調整済決定係数は、回帰分析を実行するデータ行数が 20 ～ 30 行程度のように比較的少ない場合、AIC や *Ru* と比べて、多くの説明変数を必要とするとき最適な回帰モデルと判断できることがあります。

補講7 回帰分析が利用できるその他の事例

[第4、5、6、7日など]

本書では第4日以降、回帰分析を利用した分析の方法を採り上げました。他にも回帰分析を利用できる例を、データの型という切り口で列挙します。

🌱 説明変数がカテゴリーデータの場合も回帰分析ができる

回帰分析の主な目的は数値予測と要因分析ですが、説明変数がカテゴリーデータのみの場合でも、ダミー変数によりカテゴリーデータを数値化することで、回帰分析を行うことができます。これを、数量化理論I類と呼びます。また、説明変数に数値データとカテゴリーデータが混ざっていても扱うことができます。

🌱 数値予測以外の使い方 〜コンジョイント分析

よりユーザーやお客様のニーズをくみ取ることができる商品やサービスの仕様(内容)は何かを探る方法として、**コンジョイント分析**という調査・分析方法があります。

Excelの回帰分析を利用して、簡易的にコンジョイント分析を実践できる方法があります。次の例は、コンビニエンスストアなどで販売される弁当のメニューについて、どういった内容が好まれるのかを探るため、アンケート調査を行うものです。

No	ご飯の種類	主なおかず	その他のおかず	主な野菜	野菜の量	漬物	ご飯の量	価格	評価
1	白米	ハンバーグ	卵焼き	キャベツの千切り	多め	桜漬け大根	少なめ	390円	7.4706
2	白米	ハンバーグ	しゅうまい	温野菜	普通	たくあん	普通	470円	6.2353
3	白米	ハンバーグ	ウィンナーソーセージ	ポテトサラダ	少なめ	きゅうりの古漬け	多め	520円	3.1176
4	白米	焼鮭の切り身	卵焼き	キャベツの千切り	普通	たくあん	多め	520円	3.4118
5	白米	焼鮭の切り身	しゅうまい	温野菜	少なめ	きゅうりの古漬け	少なめ	390円	6
6	白米	焼鮭の切り身	ウィンナーソーセージ	ポテトサラダ	多め	桜漬け大根	普通	470円	5.4118
7	白米	から揚げ	卵焼き	温野菜	多め	きゅうりの古漬け	普通	520円	5.0588
8	白米	から揚げ	しゅうまい	ポテトサラダ	普通	桜漬け大根	多め	390円	6.7059
9	白米	から揚げ	ウィンナーソーセージ	キャベツの千切り	少なめ	たくあん	少なめ	470円	3.5294
10	玄米	ハンバーグ	卵焼き	ポテトサラダ	少なめ	たくあん	普通	390円	6.5294
11	玄米	ハンバーグ	しゅうまい	キャベツの千切り	多め	きゅうりの古漬け	多め	470円	5.4118
12	玄米	ハンバーグ	ウィンナーソーセージ	温野菜	普通	桜漬け大根	少なめ	520円	3.8235
13	玄米	焼鮭の切り身	卵焼き	温野菜	少なめ	桜漬け大根	多め	470円	5.1176
14	玄米	焼鮭の切り身	しゅうまい	ポテトサラダ	多め	たくあん	少なめ	520円	3.6471
15	玄米	焼鮭の切り身	ウィンナーソーセージ	キャベツの千切り	普通	きゅうりの古漬け	普通	390円	6.3529
16	玄米	から揚げ	卵焼き	ポテトサラダ	普通	きゅうりの古漬け	少なめ	470円	4.9412
17	玄米	から揚げ	しゅうまい	キャベツの千切り	少なめ	桜漬け大根	普通	520円	3.2353
18	玄米	から揚げ	ウィンナーソーセージ	温野菜	多め	たくあん	多め	390円	6.5294

弁当を食べてみたいかどうかに影響しそうな要因として、「ご飯の種類」、「主なおかず」、「その他のおかず」、「主な野菜」、「野菜の量」、「漬物」、「ご飯の量」、「価格」をあげています。

これらの要因の内容をそれぞれ変えて18通りの組合せを作り、すべてのメニューについて食べてみたいかどうかを訊いたものです。

この場合、回帰分析の目的変数にあたるのは「評価」で、「食べてみたい」を 10 点、「食べてみたくない」を 0 点、「どちらともいえない」を 5 点として数値化し、すべての回答の平均値を求めています。

「ご飯の種類」から「価格」までを回帰分析の説明変数として扱い、回帰分析を実行して、それぞれの回帰係数を基に、もっとも好まれる（評価が高くなると推定できる）組み合わせを考えます（予測）。そして、どの要因が評価の良し悪しにより影響しているのか（要因分析）を探るのが、コンジョイント分析です[1]。

---

[1] Excel で簡易的にコンジョイント分析を行う方法は、共著『EXCEL マーケティングリサーチ＆データ分析』（末吉 正成 監修、千野 直志、近藤 宏、米谷 学、上田 和明 著、翔泳社）で詳しく説明していますので、参照してください。

補講8 多変量解析手法一覧

[第1、4、5、6、7日など]

本書で採り上げていない個々の分析手法については説明を省きますが[2]、多変量解析で、どの手法で分析をすべきかを考える場合のポイントがあります。

まず、分析の目的をハッキリとさせることです。数値予測をしたいのなら、「回帰分析」の類のどれか、グルーピングが必要ということならば、クラスター分析を…、という具合です。

また、本書の回帰分析の部分でも、まず目的変数を明らかにすることが大事であることを説明しています。このように、特に注目する変数はどれか、またそれがあるのかないのかを考えることから始まります。そして、目的変数が存在する場合は、目的変数と相関関係の高い（低くない）説明変数を吟味しましょう。

外的基準の有無	外的基準のデータ型	（説明）変数のデータ型	主な手法例 （＊Excelで分析可能） （制約あり）	分析の目的
あり	数値データ	数値データ （カテゴリーデータと混在していても可）	重回帰分析*	外的基準の数値を推定 （数値予測・要因分析）
		カテゴリーデータ	コンジョイント分析*	直交表による割付けされたデータで、最適な組合せを探る（予測）・要因分析
			数量化理論Ⅰ類*	直交表による割付けされたデータではなく、カテゴリーデータの予測と要因分析
	カテゴリーデータや比率・割合のデータ	数値データ・カテゴリーデータ	ロジスティック回帰分析*	0〜1（0％〜100％）の間で確率を推定
	カテゴリーデータ	数値データ	（線形）判別分析*	外的基準のグループを推定 （線形な関係）
			マハラノビスの距離	外的基準のグループを推定 （非線形な関係）
		カテゴリーデータ	数量化理論Ⅱ類*	外的基準のグループを推定 （予測・要因分析）

---

[2] 多変量解析については、『入門統計学 ―検定から多変量解析・実験計画法まで―』（栗原伸一 著、オーム社）、またExcelベースでは『Excelで学ぶ多変量解析入門』（菅民郎 著、オーム社）などを参照してください。

補講8 多変量解析手法一覧

外的基準の有無	外的基準のデータ型	(説明)変数のデータ型	主な手法例 (＊Excelで分析可能) (制約あり)	分析の目的
なし	—	数値データ	主成分分析	総合的な評価項目に要約
			因子分析	項目のグループ化および意味付け
			クラスター分析	サンプルおよび項目のグループ化
		評価の数値データ	AHP(一対比較法)	評価項目の重要度を探る
		カテゴリーデータ	数量化理論Ⅲ類	変数間の関係・項目間の関係を説明
			双対尺度法	
		クロス集計表	コレスポンデンス分析	変数間の関連

　　　で網掛けしている部分は、本書で取り上げている分析手法です。

補講9 XLOOKUP関数（Excel2021・Microsoft365） ［第1日］

p.31 第1日「1.3 データを扱うための下準備 〜むだな分析をしないために」のところで、特定の項目をキーとして、基となるデータから抽出する関数「VLOOKUP関数」について説明しました。

この従来からあるVLOOKUP関数では、キーとなる列よりも左側を検索することはできませんでした。しかしその後、Microsoft365やExcel2021からは、検索や指定をする場所の制約を気にせず表示させる**XLOOKUP関数**が登場しました。

VLOOKUP関数と同じことをXLOOKUP関数ではどのように指定するのかを説明します。

ここではA列の「顧客ID」をキーに、「データ」シートで一致する顧客IDについて、苗字や名前・都道府県を出力する方法を説明します。

次の関数の例は、顧客IDを基に「データ」シートから苗字を出力する場合です。

```
=XLOOKUP( $A2 , '05_データ'!$B:$B , '05_データ'!C:C , "" , 0 )
```

- XLOOKUP関数
- 参照する値（顧客ID）
- 参照する値が記録されている基データの列（範囲）
- 参照する値が含まれる行のうち出力させたい列（範囲）
- 見つからない場合の出力方法
- 一致モード

Excelの2行目にはCD103073のIDが表示されています。

ここではXLOOKUP関数は5つ（最低限4つ）の引数が必要です。最後の「一致モード」の指定を省略すると、「0」または「FALSE」を設定したのと同様に扱われます。

まずはA2セルを参照するので、「=XLOOKUP(」と入力したら、A2セルを指定します。このとき、このあとの関数のコピー操作によって、参照先が動かないよう、A列のみを固定するため、[F4]キーを（何度か）押して、「A4」の「A」の前に「$（ドルマー

ク）」をつけます。

　カンマで区切ったあと、次に参照元となる顧客データが入力されている範囲をしていします。

B1			fx	顧客ID										
	A	B	C	D	E	F	G	H	I	J	K	L	M	N	O
1		顧客ID	苗字	名前	カナ苗字	カナ名前	郵便番号	都道府県	性別	生年月日	年齢	品番	単価	数量	
2	100001	CD100001	田坂	景子	タサカ	ケイコ	442-0022	愛知県	女性	1978/12/20	44	BG000	16000	1	
3	100002	CD100002	吉井	知世	ヨシイ	トモヨ	655-0891	兵庫県	女性	1981/7/20	42	Z7K00	19000	1	
4	100003	CD100003	横溝	真希	ヨコミゾ	マキ	105-0014	東京都	女性	1980/1/11	43	NP700	24800	1	
5	100004	CD100004	仁平	美佳	ニヘイ	ミカ	370-0081	群馬県	女性	1975/6/25	48	DK002	24800	1	
6	100005	CD100005	吉岡	有沙	ヨシオカ	アリサ	223-0061	神奈川県	女性	1981/7/1	42	KB100	16000	1	
7	100006	CD100006	小関	昌恵	コセキ	マサエ	437-0064	静岡県	女性	1981/1/3	42	M6100	24800	1	
8	100007	CD100007	田中	舞	タナカ	マイ	514-0102	三重県	女性	1989/2/7	34	JC011	16000	1	
9	100008	CD100008	伊井	真由美	イイ	マユミ	772-0011	徳島県	女性	1982/12/23	40	NP700	24800	1	
10	100009	CD100009	金澤	利子	カナザワ	トシコ	660-0054	兵庫県	女性	1979/1/23	44	Z7K00	19000	1	
11	100010	CD100010	浦上	宏文	ウラカミ	ヒロフミ	503-0984	岐阜県	男性	1975/10/5	47	DK001	16800	1	
12	100011	CD100011	横田	めぐみ	ヨコタ	メグミ	534-0015	大阪府	女性	1970/1/20	53	M7105	24800	1	
13	100012	CD100012	田村	唯	タムラ	ユイ	565-0824	大阪府	女性	1982/1/23	41	M7104	24800	1	
14	100013	CD100013	原	多美子	ハラ	タミコ	950-0115	新潟県	女性	1957/11/30	65	KB073	21800	1	
15	100014	CD100014	丸橋	葵	マルハシ	アオイ	198-0044	東京都	女性	1979/1/20	44	NP700	24800	1	
16	100015	CD100015	前田	結子	マエダ	ユイコ	662-0893	兵庫県	女性	1989/12/26	33	Z7K00	19000	1	
17	100016	CD100016	長田	菜津美	ナガタ	ナツミ	321-1262	栃木県	女性	1984/8/17	39	NP700	24800	1	
18	100017	CD100017	金平	敦子	カネヒラ	アツコ	969-1663	福島県	女性	1978/7/30	45	Z7C00	16800	1	
19	100018	CD100018	飯田	奈津希	イイダ	ナツキ	270-1143	千葉県	女性	1977/5/20	46	M7100	16000	1	
20	100019	CD100019	平山	信子	ヒラヤマ	ノブコ	756-0088	山口県	女性	1980/10/5	42	JK011	98000	1	
21	100020	CD100020	田口	利香	タグチ	リカ	991-0013	山形県	女性	1981/12/17	41	JK011	98000	1	
22	100021	CD100021	松本	宏美	マツモト	ヒロミ	545-0002	大阪府	女性	1987/7/24	36	M7104	24800	1	

　ここでは「05_データ」シートのうち、B列を指定します。セルの範囲（B2～B3728セル）でも、列全体（B:B）を指定しても便利です。ここでも［F4］キーで参照元を固定させると、コピペを考慮する際にも便利です。

　範囲選択が済んだらカンマで区切り、ここで範囲選択した顧客データのうち、何列目を抜き出すのかを指定します。

　範囲選択したのは「05_顧客データ」シートのC列にある「苗字」を抜き出したいので、セルの範囲（C2～C3728セル）でも、また列全体（C:C）を指定することもできます。

　その次には、その抜き出したいものが正常に含まれていない場合の表示方法を指定することもできます。

　ここの指定を省略することもできますが、参照するデータに含まれない場合は #N/A エラーが表示されます。

　VLOOKUP関数では、こうした表示エラーを回避するため、**IF**関数によってデータから反映できない場合にどのように表示するのかを指定しました。しかし**XLOOKUP**関数では、この1個の関数の中でもし正常に反映できなかった場合の表示方法を指定することができます。

　最後の一致モードについては、方法については、「**0**」または「**FALSE**」と入力します。

索　引

あ

赤池情報量規準 ………………… 279

い

一元配置 ………………………… 12
移動平均 ………………………… 223

う

上田の説明変数選択基準 ……… 279

え

影響度 …………………………… 176
円グラフ ………………………… 43

お

オッズ比 ………………………… 258
帯グラフ ………………………… 43
折れ線グラフ …………………… 40

か

回帰係数 …………………… 145, 277
回帰の自由度 …………………… 276
回帰分析 ………………… 11, 131
階　級 …………………………… 65
外　挿 ……………… 131, 151, 198
外的基準 ………………………… 132
加重平均 ………………………… 58
片側検定 ………………………… 103
カテゴリーデータ ……………… 9
間隔尺度 ………………………… 17
観測された分散比 ……………… 277

観測数 …………………………… 276

き

幾何平均 ………………………… 58
棄却域 …………………………… 101
擬似相関 ………………………… 187
基準化 …………………………… 84
記述統計学 ……………………… 6
記述統計量 ……………………… 55
季節変動 ………………………… 199
基本統計量 ……………………… 55
帰無仮説 ………………………… 100
境界値 …………………………… 105
共分散 …………………… 13, 136
許容度 …………………………… 188
距離尺度 ………………………… 17
寄与率 …………………… 150, 173

く

区　間 …………………………… 223
区間推定 ………………………… 97
クロス集計表 …………………… 10

け

傾向変動 ………………………… 199
欠損値 …………………………… 19
決定係数 ……………… 150, 173, 202
検　定 …………………………… 6, 98
原データ ………………………… 8

こ

降　順 … 43
交絡因子 … 188
交絡変数 … 188
コンジョイント分析 … 280

さ

最頻値 … 61
残　差 … 239
算術平均 … 55
散布図 … 44
サンプリング … 92
サンプル … 6
サンプルサイズ … 6

し

式 … 5
時系列データ … 14
指数近似 … 211
自然対数 … 269
質的データ … 9
質的変数 … 9
四分位数 … 83
四分位範囲 … 83
重回帰分析 … 133, 166
重決定 … 276
重相関 … 276
重相関係数 … 150, 172
自由度 … 64
自由度調整済決定係数 … 173
順位尺度 … 17
循環変動 … 199
昇　順 … 43
常用対数 … 269
信頼区間 … 97
信頼係数 … 97

す

推測統計学 … 6
推　定 … 6
推定値 … 249
ステレオグラム … 116

せ

正規分布 … 56, 274
成長曲線 … 255
正の相関 … 134
絶対値 … 106
切　片 … 148, 277
説明変数 … 15, 133, 145
線形回帰分析 … 133
線形判別分析 … 239
全数調査 … 93

そ

相加平均 … 55
相　関 … 3
相関係数 … 13, 135
相関係数行列 … 141
相乗平均 … 58

た

対数近似 … 214
対立仮説 … 100
多項式近似 … 218
多項ロジスティック回帰分析 … 240
多重共線性 … 184
多変量解析 … 11, 131
ダミー変数 … 191, 238
単回帰分析 … 133
単純集計表 … 8

ち

中央値	60
中心化移動平均	228
柱状図	65
調和平均	59

て

定性データ	9, 238
定量データ	9
データクリーニング	2
データクレンジング	2, 19
データの範囲	62
データの粒度	198
データラベル	3
点推定	97

と

統計解析用ソフト	5
統計学	5
統計的仮説検定	98
統計モデル	5
独立性の検定	117
度数	65
度数分布表	65
トレランス	188

な

| 内挿 | 151 |
| 生データ | 8 |

に

| 二元配置 | 13 |
| 二項ロジスティック回帰分析 | 240, 255 |

は

箱ひげ図	85
外れ値	18
パーセンタイル	82
バブルチャート	44

ひ

ピアソンの積率相関係数	135
引数	32
比尺度	17
ヒストグラム	56, 65
ビッグデータ	5
百分位数	82
標準化	84
標準誤差	105, 276
標準偏差	63
表側項目	10
表頭項目	10
標本	6
標本標準偏差	63
標本抽出	92
標本調査	92
標本標準偏差	63
標本分散	63
比例尺度	17, 18

ふ

フィールド	8
フィルハンドルコピー	206
不規則変動	199
浮動小数点表記	268
負の相関	134
不偏分散	63
プロットエリア	44
分散	63

分散拡大要因……………………… 188

へ

平均値………………………………… 5
平方根……………………………… 269
べき乗……………………………… 268
偏回帰係数………………………… 173
偏　差……………………………… 63
偏差平方…………………………… 63
偏差平方和………………………… 63
変　数………………………………   3
変数減少法………………………… 180
変数変換…………………………… 210
変数名………………………………   3
偏相関係数………………………… 177
変　動……………………………… 63

ほ

棒グラフ…………………………… 39
母集団…………………………… 6, 92
母　数……………………………… 97
補　正……………………………… 276
母分散……………………………… 97

ま

マーカー…………………………… 44
マルチコ…………………………… 184

み

見せかけの相関…………………… 187

む

無作為抽出………………………… 92
無相関の検定……………………… 152

め

名義尺度…………………………… 16

も

目的変数……………………… 15, 145
モデル………………………………   5

ゆ

有　意……………………………… 277
有意水準…………………………… 97

よ

要約統計量………………………… 55
予　測…………………………… 5, 128

ら

ランダムサンプリング…………… 92

り

両側検定…………………………… 103
量的データ…………………………   9
量的変数……………………………   9

る

累　乗……………………………… 268
累乗近似…………………………… 216

れ

レコード……………………………   8
レンジ……………………………… 62
レーダーチャート………………… 39

ろ

ロジスティック回帰分析………… 239
ロジット値………………………… 257

[索 引]

ロジット変換·················· 257
ローソク足チャート············ 40

アルファベット

AIC（Akaike information criterion）
  ································ 279
GT集計 ························· 10
log ····························· 269
P値··························· 102, 277
t値····························· 277
VIF（variance inflation factor）··· 188

記 号

χ^2検定 ························· 117, 119
#N/A エラー ······················ 33
#NUM! エラー ···················· 153

Excel関数

＊以下のExcel関数索引は、特に表記がない場合、Excel 2010以降対応の関数です。
＊（～2007）と表記されているものは、Excel 2007以前の関数です。

ABS　絶対値 ················· 106, 153
ASC　半角文字変換 ············· 27
AVERAGE　単純平均 ··· 79, 105, 270

CHIDIST　χ^2分布の右側確率
　（～2007）···················· 123
CHIINV　χ^2分布の右側確率の逆関数
　（～2007）···················· 122
CHISQ.DIST.RT　χ^2分布の右側確率
　································ 123
CHISQ.INV.RT
　χ^2分布の右側確率の逆関数 ······ 122
CHISQ.TEST　χ^2検定 ············· 123
CHITEST　χ^2検定（～2007）··· 123
CORREL　相関係数 ············ 141
COUNT　データ行数 ··········· 270
COVAR　標本共分散（～2007）··· 136
COVARIANCE.P　標本共分散······ 136
COVARIANCE.S　不偏共分散······ 136

DEVSQ　偏差平方和 ············ 63

EXP
　eを底とした自然対数を真数に変換
　······························· 212, 269

FORECAST　予測値（単回帰分析）
　（～2013）···················· 204
FORECAST.LINEAR
　予測値（単回帰分析）（2016）··· 204

GEOMEAN　幾何平均 ·········· 270
GROWTH　予測値（指数近似）··· 213

HARMEAN　調和平均 ·········· 270

INTERCEPT　切　片 ············ 150

JIS　全角文字変換 ·············· 27

KURT　尖　度····················· 272

LN　eを底とした自然対数変換
　······························· 211, 269
LOG　対　数 ···················· 269

290

[索　引]

MAX　最大値 ……………………	*79, 271*
MEDIAN　中央値 …………………	*79*
MIN　最小値 ……………………	*79, 271*
MODE　最頻値（〜 2007）…	*79, 270*
MODE.MULT　複数の最頻値	
……………………………………	*79, 270*
MODE.SNGL　1つの最頻値	
……………………………………	*79, 270*
PERCENTILE　パーセンタイル	
（〜 2007） …………………	*83*
PERCENTILE.INC　パーセンタイル	
……………………………………	*83*
QUARTILE　四分位数（〜 2007）	
……………………………………	*84*
QUARTILE.INC　四分位数 ………	*84*
SKEW　歪　度 ……………………	*272*
SLOPE　回帰係数 …………………	*150*
STANDARDIZE　標準化 ………	*84*
STDEV　不偏標準偏差（〜 2007）	
……………………………………	*79, 271*
STDEV.P　標本標準偏差 ……	*79, 271*

STDEVP　標本標準偏差（〜 2007）	
……………………………………	*79, 271*
STDEV.S　不偏標準偏差 ……	*79, 271*
SUM　合　計 ……………………	*270*
TDIST　t 分布の確率（〜 2007）	
…………………………………	*107, 154, 178*
T.DIST.2T　t 分布の両側確率（P 値）	
……………………………………	*154, 178*
T.DIST.RT　t 分布の右側確率（P 値）	
……………………………………	*107*
T.INV　t 分布の左側逆関数 ………	*105*
TINV　t 分布の両側逆関数（〜 2007）	
……………………………………	*105, 153*
T.INV.2T　t 分布の両側逆関数 ……	*153*
TREND　予測値（重回帰分析）	
……………………………………	*175, 204*
VAR　不偏分散（〜 2007）	
…………………………………	*63, 105, 271*
VAR.P　標本分散 ………	*63, 271*
VARP　標本分散（〜 2007）…	*63, 271*
VAR.S　不偏分散…………	*63, 105, 271*

〈著者略歴〉

米谷　学（よねや　まなぶ）

神奈川県横浜市出身。
海運業、国際複合輸送業などの勤務を経て、統計の大家である故 上田太一郎氏に師事し、Web・公開セミナー・企業向け研修などを通じて、ビジネスにおけるデータ活用や統計解析の普及に務める。数学や統計になじみのない方にも無理なく理解できるような説明を心がけている。

■ 主な共著書
・Excel で学ぶデータマイニング入門（オーム社）
・Excel で学ぶ回帰分析入門（オーム社）
・Excel でできるデータ解析入門―すぐに応用できる 13 事例（同友館）
・Excel でできる統計的品質管理入門（同友館）
・実践ワークショップ Excel 徹底活用多変量解析（秀和システム）
・Excel マーケティングリサーチ＆データ分析［ビジテク］2013/2010/2007 対応（翔泳社）

■ 主な担当講座
・日経オンライン講座　「Excel で始める統計学」
・技術情報協会　「Excel でできる統計・データ分析講座」
　　　　　　　「EXCEL を用いたマーケティングリサーチ、データ分析」

■ 雑誌連載
・日経パソコン　「未来を予測する Excel 分析術」

- 本書の内容に関する質問は、オーム社ホームページの「サポート」から、「お問合せ」の「書籍に関するお問合せ」をご参照いただくか、または書状にてオーム社編集局宛にお願いします。お受けできる質問は本書で紹介した内容に限らせていただきます。なお、電話での質問にはお答えできませんので、あらかじめご了承ください。
- 万一、落丁・乱丁の場合は、送料当社負担でお取替えいたします。当社販売課宛にお送りください。
- 本書の一部の複写複製を希望される場合は、本書扉裏を参照してください。

JCOPY ＜出版者著作権管理機構　委託出版物＞

7 日間集中講義！　Excel 統計学入門
データを見ただけで分析できるようになるために

2016 年 8 月 25 日　第 1 版第 1 刷発行
2023 年 11 月 10 日　第 1 版第 7 刷発行

著　者　米谷　学
発行者　村上和夫
発行所　株式会社オーム社
　　　　郵便番号　101-8460
　　　　東京都千代田区神田錦町 3-1
　　　　電話　03(3233)0641(代表)
　　　　URL　https://www.ohmsha.co.jp/

© 米谷　学 2016

印刷・製本　三美印刷
ISBN978-4-274-21888-0　Printed in Japan

Memo